生活中的
心理学

邢群麟　杨英＿著

吉林文史出版社
JILINWENSHICHUBANSHE

前　言

　　当今社会，随着经济不断发展，科学技术的日新月异，人们的物质生活越来越富裕，但随之而来的一系列问题也开始困扰着人们。人们面临越来越多的心理问题，诸如人际关系、夫妻关系、父（母）子（女）关系中的心理问题以及抑郁、焦虑、恐慌、自私、自卑等个人心理问题，人们的心理健康受到了前所未有的挑战，人们迫切地想了解有关心理和心理学的知识，心理学受到了前所未有的普遍关注。《生活中的心理学》这本书就是在这样的形势下应运而生的。

　　在生活中，你是否会经常因为预感到不妙的事情而焦躁不安、忧愁满怀；你是否会经常因为不顺心的事情和爱人、朋友、父母、同事吵架；你是否会经常把自己幻想的内容当成现实，并伴有幻想性谎言的表现；你是否会经常陷入反复思考的困惑之中，比如，花一上午时间去核对已经写好的账单，一整天都在担心自家的防盗门是不是没有锁好，或者反复思考诸如"房子为什么朝南而不朝北"之类的问题；你是否会将轻微的不适看成严重疾病，特别是当亲友、邻居、同事因病英年早逝或意外死亡后，将自己身体上小小的不适当成严重的疾病，怀疑自己得了某种恶疾……

上述一连串的疑问你将会在这本书里找到详尽的答案。本书由长期从事心理学研究和心理咨询治疗工作的学者共同完成。本书用通俗易懂的语言，结合大量的实例，多角度、宽范围地讲述了心理学的基本知识，剖析了生活中常见的心理障碍及应对策略，指出了人们的心理和生活困惑，最后还教给读者一些心理调节的方法，称得上是一本生活中的心理学百科全书。

事实上，每个人的一言一行，都是在某种心理的指引下进行的。因而，我们每个人都应该了解一点儿心理学，尤其是生活中的心理学。因为心理学能够指导我们如何生活，生活越是复杂，我们越要懂得心理学。在心理学的指导下，我们的生活将会更加幸福、更有意义，我们的学习、工作将会取得更大的成就，我们在人际交往中将会更加如鱼得水。本书不仅会为您讲解生活中的诸多心理学知识，而且还会告诉您保持心理健康的方法，让您保持健康的心理状态来面对家庭、事业、朋友、同事等生活的方方面面。我们真诚地希望本书能够成为您的"知心伴侣"。

目　录

第三章　探究生活中的心理学

第一章
什么是心理学

一

心理学是什么

说起"心理学",很多人会感觉神秘莫测。人们甚至会想起许多所谓诡异的东西来试图勾勒心理学的大概模样:魔术?算命?意念控制?乾坤大挪移?黑洞……

心理学对许多人来说,的确是一门神秘诡异的学问,觉得看不见、摸不着,离自己的生活很遥远。实际上,这些都是人们的误解。心理和心理现象是所有人每时每刻都在体验着的,是人类生活和生存固有的。可以说,复杂的心理活动正是人区别于动物的一个本质。

心理学"psychology"一词源于古希腊语,意即"灵魂之科学"。心理学的历史虽然最早可以追溯到古希腊时代,但心理学作为一个专门的术语出现却是在 1502 年。有一个塞尔维亚人叫马如利克,在这一年首次用"psychologia"一词发表了一篇讲述大众心理的文章。此后过了 70 年,一位名为歌克的德国人在其出版的《人性的提高,这就是心理学》一书中使用这个词,这也是人类历史上最早记载的以心理学这一术语出版的书。

在希腊文中，"灵魂"也有呼吸的意思。古希腊人认为人的生命依靠呼吸，呼吸一旦停止，生命也就完结。随着心理探索的发展，心理学的研究对象由灵魂改为心灵，心理学也就变成了心灵哲学。在中国，人们习惯认为思想和感情来源于"心"，又把条理和规则叫作"理"，所以用"心理"来总称心思、思想、感情等，而心理学则是关于心思、思想、感情等规律的学问，是研究人的心理活动及其发生、发展规律的科学。心理学与我们的生活密切相关，这是因为，人的任何活动都伴随着心理现象。通常说的感觉、知觉、记忆、思维、想象、情感、意志以及个性等都是心理现象，也称心理活动。

心理学是一门既古老又年轻的学科。人类探索自己的心理现象，已有 2000 多年的历史，所以说它古老。说它年轻，是因为心理学最初并不是一门独立的学科，而是包含在哲学中，直到 19 世纪 70 年代末，心理学才从哲学中分离出来，成为一门独立的专门研究心理现象的科学。尽管年轻，但科学的心理学有着巨大的生命力，它已越来越广泛地渗透于人们生活实践的各个方面。

可以说我们每一个人都是一个业余心理学家。当你才三四岁的时候，已经会揣摩别人的心思了，你懂得怎样把玩具藏起来让其他小朋友找不到，你甚至还会略施小计，提供错误的线索误导他们。妈妈生气的时候，你能从她的神情和语气上判断出来，而乖乖地停止胡闹；一旦发现妈妈雨过天晴，你就又提出你的小要求了。作为父母，则知道如何正确地实施奖惩以纠正你的不良行为，使你养成良好的习惯。所有上述这些现象都是基于对他人心理的观察和推论。也就是说，每个正常的人都能对他人在日常生活中的感情、思维和行为进行一定程度的推测。这就是心理学和心理学家所努力研究和解释的内容之一。

心理学是研究心理现象的科学。心理学研究心理现象，就是要揭示心理现象发生、发展的客观规律，用以指导人们的实践活动。

人们在工作、学习、生活中与周围事物相互作用，必然有这样那样的主观活动和行为表现，这就是人的心理活动，或简称为心理。具体地说，外界事物或体内的变化作用于人的机体或感官，经过神经系统和大脑的信息加工，人就产生了对事物的感觉和知觉、记忆和表象，进而进行分析和思考。人在实践中同客观事物打交道时，总会对它们产生某种态度，形成各种情绪。人在生活实践中还要通过行动去处理和变革周围的事物，这就表现为意志活动。以上所说的感觉、知觉、思维、情绪、意志等都是人的心理活动。心理活动是人们在生活实践中由客观事物引起、在头脑中产生的主观活动。心理活动是一种不断变化的动态过程，可称为心理过程。人在认识和改造客观世界的过程中，各自都具有不同于他人的特点，个人的心理过程都表现出或大或小的差异。这种差异既与个人的先天素质有关，也与他们的生活经验和学习有关。这就是所说的人格或个性。心理过程和人格都是心理学研究的重要对象。心理学还研究人的个体的和社会的、正常的和异常的行为表现。动物心理学研究动物的行为，这不仅是为了认识动物心理活动本身，也有助于对人类心理活动的了解。在高度发展的人类社会，人的心理获得了充分的发展，使人类攀登上动物进化阶梯的顶峰。心理学是人类为了认识自己而研究自己的一门基础科学。

自有人类文明史以来，就已经开始了对人的心理的探讨与研究。中国古代哲学、医学、教育和文艺理论等许多著作中，有着丰富的心理学思想。但心理学成为一门独立的科学还是 19 世纪的事。今天，心理学已是具有 100 多个分支学科的庞大科学体系了，诸如普通心理学、社会心理学、教育心理学、发展心理学、法律心理学、管理心理学、商业心理学、经济心理学、消费心理学、咨询心理学……都是心理学庞大科学体系中的成员，而且随着人类社会实践活动的发展，心理学的分支学科还会继续增加。

心理学与生活的关系

随着人们生活水平的提高，人们对精神方面的需求也越来越多了，尤其在今天，人们对心理学越来越感兴趣。如今，人类所创造的科学技术已经非常发达，使我们对于周围的世界有了十分精确的掌控，甚至可以飞跃出地球去开拓更为广袤无垠的外部星空。美国的"深度撞击"号在人类的遥控下成功撞击了一颗小行星——你如何不叹服人类智慧的伟大呢？可是，在黑夜里，当你躺在床上，听着自己的心跳和呼吸的时候，你是否想过自己才是这个宇宙中最神秘的事物呢？我们对于自己的内心世界了解多少呢？我们每个人既相同又不同，我们每天都在忙忙碌碌地生活，我们身边每天都上演着喜怒哀乐、悲欢离合的故事。这一切内部的深层机制到底是什么呢？

我们努力研究外部世界是为我们的生活服务，同样，我们研究我们自身的内心世界也要服务于我们的生活。所要研究和利用的内心世界和"资源"，主要就是我们的心理能力。人的心理能力是非常丰富的，是大自然赋予人类的最珍贵的财富。

心理学是研究心理现象的科学，那么，心理学与生活到底有无关联，有什么样的关联呢？

日常生活中，我们每做一件事、每说一句话，都受到一定的心理状态和心理活动的影响和制约，尽管有时候我们觉察不到。说一个人发脾气、闹情绪，这就是一种心理活动；说一个人扬扬得意、意气风发，这就是一种心理状态；说一个人品行不好、思想消极，这其实就是在做心理学研究了。心理学能够指导我们的生活，越是复杂的生活，越要懂得心理学的道理才行。懂得运用心理学管理自己，我们的生活才会幸福，才有意义，我们的学习、工作才会有所成就，我们和他人才会友好互助地相处。

人的心理和人的生活是相互影响的。人一降生，就是带着心理能量来的，虽然这种能量是潜在的和不成型的。同时，一定的生活环境便会将这个刚出生的小家伙一下子包围起来。生活环境的差异对人的早期的心理发展有着深远的、导向性的影响。如果一个人出生在一个暴力家庭，他的心理上就会发展不健全，可能会成为一个性格古怪、情绪反常、十分叛逆的人，他可能早早辍学，不愿回家，讨厌家庭，讨厌社会，甚至走上犯罪的道路。同样是他，如果出生在一个和睦幸福的家庭，他的心理就会健康地发展，自小懂得关爱和帮助别人，懂得尊敬长者，懂得好好学习，珍惜家庭温暖——他将来会有幸福的人生。不同的生活环境造就人不同的心理；有不同心理特征的人会选择不同的生活道路。因而，我们可以说心理学与生活互相影响。

"生活如流水"，人们经常如是说，可这个比喻并不怎么恰当。静静流淌的水囊括不了生活的全部内涵。生活，应该说是一条波涛汹涌的大河：穿峡谷、过险滩、漫平原，九曲十八弯，时缓时急，直至奔腾入海。人则是这条大河上的航行者，时而激动万分，时而忧心忡忡，时而又迷茫惆怅，但终归还是保持向着海的航向，这就是生活中人的心理写照。

生活中常见的心理学效应

3 对 1 规律

生活中你可能有过这样的体验，就是当你自己一个人想说服别人或提出令人为难的要求时，别人可能一口回绝，如果几个人同时给对方施加压力，他可能就乖乖就范了。那么至少需要几个人才能奏效呢？实验表明，能够引发对方同步行为的人数至少为 3 ~ 4 名。

当两个人统一口径诱使某人采取趋同行为时，他一般会坚持己见。如果人数增加到 3 人，趋同率就迅速上升。如果 5 个人中有 4 人意见一致，此时趋同率最高。人数增至 8 名或 15 名，趋同率则几乎保持不变。

但是，这种劝说方法在一对一的谈判或对方人多时就很难发挥作用。如果对方是一个人，你可以事先请两个支持者参加谈判，并在谈判桌上以分别交换意见的方式诱使对方作出趋同行为。以纸牌游戏为例，一般由 4 个人参加，在游戏过程中如果时机成熟，有人会建议提高赌金或导入新规则，同时也会有人反对。这时如果能拉拢其他两人赞同你的建议，3 个人合力对付一个人，那么此人往往会因寡不敌众而改变自己的主张。

贝勃效应

有人做过一个实验：一个人右手举着 300 克重的砝码，这时在其左手，放上 305 克的砝码，他并不会觉得左右手上的砝码重量有多少差别，直到左手砝码的重量加至 306 克时才会觉得有些重。如果右手举着 600 克，这时左手上的重量要达到 612 克才能感觉到重了，后来就必须加更大的量才能感觉到差别。这种现象被称为"贝勃效应"。"贝勃效应"在生活中到处可见。比如5毛钱一份的晚报突然涨了50块钱,那么你会觉得不可思议,无法接受。但是,如果原本500万的房产也涨了50块,甚至500块,你都会觉得价钱根本没有变化。

有些人总抱怨恋人对自己不如刚认识时那么好了,其实这也是"贝勃效应"在作怪。在还不熟悉的情况下,对方给你的一点点关怀你都会觉得情深似海,而当你们相恋许久之后,与原来相同的那些关爱你便会觉得平淡如水了。

齐加尼克效应

法国心理学家齐加尼克曾做过一次颇有意义的实验:他将自愿受试者分为两组,让他们去完成20项工作。其间,齐加尼克对一组受试者进行干预,使他们无法继续工作而未能完成任务,而对另一组则让他们顺利完成全部工作。实验得到不同的结果。虽然所有受试者接受任务时都显现一种紧张状态,但顺利完成任务者,紧张状态随之消失;而未能完成任务者,紧张状态持续存在,他们的思绪总是被那些未能完成的工作所困扰,心理上的紧张压力难以消失。这种因工作压力所致的心理上的紧张状态即被称为"齐加尼克效应"。

鲇鱼效应

水池里养着一群鱼,由于缺乏外界刺激,这些鱼变得死气沉沉,容易死亡。渔民偶然把几条鲇鱼放入这群鱼,发现一个奇怪的现象:由于鲇鱼喜欢挤来挤去,整个水池里的鱼都被带动起来而显得生机勃勃,所以渔民喜欢放几条鲇鱼在鱼群里面增加全体鱼的活力与寿命。

在经济、文化等活动中引入竞争机制，也会产生"鲇鱼效应"。

期望效应（皮格马利翁效应、罗森塔尔效应）

皮格马利翁是古代塞浦路斯的一位善于雕刻的国王，由于他把全部热情和希望放在自己雕刻的少女雕像身上，后来竟使这座雕像活了起来。心理学家罗森塔尔和雅各布森称之为"皮格马利翁效应"。

罗森塔尔及其同事，要求教师们对他们所教的小学生进行智力测验。他们告诉教师们，班上有些学生属于大器晚成者，并把这些学生的名字念给老师听。罗森塔尔认为，这些学生的学习成绩可望得到改善。自从罗森塔尔宣布大器晚成者的名单之后，罗森塔尔就再也没有和这些学生接触过，老师们也再没有提起过这件事。事实上所谓大器晚成者的名单，是从一个班级的学生中随机挑选出来的，他们与班上其他学生没有显著不同。可是当学期之末，再次对这些学生进行智力测验时，他们的成绩显著优于第一次测得的结果。这种结局是怎样造成的呢？罗森塔尔认为，这可能是因为老师们认为这些大器晚成的学生开始崭露头角，便予以特别照顾和关怀，致使他们的成绩得以改善。

皮格马利翁效应和罗森塔尔效应都反映了期望的作用，所以又称为"期望效应"。

安慰剂效应

所谓安慰剂，是指既无药效、又无毒副作用的中性物质构成的、形似药的制剂。安慰剂多由葡萄糖、淀粉等无药理作用的惰性物质构成。安慰剂对那些渴求治疗、对医务人员充分信任的病人能产生良好的积极效应，出现希望达到的药效，这种反应就称为"安慰剂效应"。

使用安慰剂时容易出现相应的心理和生理反应的人，称为"安慰剂反应者"。这种人的特点是：好与人交往、有依赖性、易受暗示、自信心不足，经常注意自身的各种生理变化和不适感，有疑病倾向和神经质。

巴纳姆效应

有一位著名杂技师，名叫肖曼·巴纳姆。他在评价自己的表演时说过，因为他的节目中包含了每个人都喜欢的成分，所以他很受欢迎。他能使"每一分钟都有人上当受骗"。一种笼统的、一般性的人格描述，人们却常常认为十分准确地揭示了自己的特点，这种现象在心理学上称为"巴纳姆效应"。

有位心理学家做过一个实验。他给一群人做完明尼苏达多项人格检查后，拿出两份检查结果让参加者判断哪一份更贴近自己。事实上，这两份结果中，一份是多数人的回答平均起来的结果，另一份才是参加者自己的结果。而参加者往往认为前者更准确地表达了自己的人格特征。

"巴纳姆效应"在生活中十分常见。比如算命，很多人算命后都会觉得算命先生说的"真准"。实际上，那些去算命的人本身情绪低落、失意，对生活失去信心，没有安全感。一个缺乏安全感的人，心理的依赖性大大增强，很容易受到心理暗示。算命先生善于揣摩人的内心感受，很快就能觉察到求助者的感受，说些稍加安慰的话语，求助者立刻会升起一股暖意。算命先生接下来的似是而非、无关痛痒的"人生预测"便会使求助者深信不疑了。

心理学在生活各领域中的应用

目前，心理学在人类生活中所起的作用越来越大，应用的范围也越来越广，心理学在工业、商业、教育、医疗、军事等领域得到广泛的应用，并且形成了许多分支学科。

工业与组织心理学

工业与组织心理学主要在工业、企业和组织机构里发挥作用，包括：在厂房设备安装、产品质量设计方面考虑到人的因素，可以更有利于促进生产，提高效率；在人事部门中知人善任是人才选拔、人员安置、人力资源合理利用等一切工作的基础；在企业中调动员工的积极性，协调关系，既提高生产力，也提高职工的满意度，创造良好的企业形象等，都离不开心理学规律的应用。

教育与学校心理学

教育心理学是心理学的一个重要领域。作为教育科学的基础，其工作在于研究教与学过程中的心理规律，以提高教育、教学水平，改进师资培训和学业考试，并推动因材施教，培养学生健全人格和创造力等。学校心理学家通常在中小学工作，对在学校中学习困难、适应困难或有某种问题行为的学生进行诊断和辅导，并协助家长和教师解决与学校有关的问题。

商业心理学

商业心理学主要研究商业活动中人的心理活动的特点和规律，并运用心理学的原理和方法解决商业中有关人的一些问题。商业心理学包括广告心理学、消费心理学等。

广告心理学研究如何把产品信息传达给群众，以更好地引起消费者的购买行为。消费心理学则把社会大众的消费行为作为研究对象，考察消费动机、购买行为以及影响和促进消费行为的各种因素。

医学心理学

医学心理学是关于健康和疾病问题的心理学，主要研究心理因素在治病和维护健康方面的作用，以及医护人员和病人在医疗过程中的心理活动和行为特点。

医学心理学还研究精神药物的作用、心理治疗的方法、病人的康复过程等问题。医学心理学家也从事一些心理卫生和心理咨询工作，帮助人们促进身心健康。

法律心理学

法律心理学主要研究人们在司法活动中的心理活动和规律。根据研究内容的差异，法律心理学又可分为犯罪心理学、审判心理学、侦察心理学、司法鉴定心理学等。

犯罪心理学主要研究犯人作案的动机、对罪犯的有效教育改造等问题；审判心理学主要分析犯人供词和证人证词的可靠性问题；侦察心理学研究案件侦破过程中所应遵循的心理规律；司法鉴定心理学主要是运用临床精神病学知识，对疑似精神病人的被告及其他诉讼当事人进行心理鉴定，为确定其法律责任提供科学的依据。

第二章

用心理学解读社会生活

认知、感官和记忆

转瞬即逝的灵感

19世纪中叶，人们对有机化学的研究已经开展得有声有色了，但当时最棘手的问题之一是苯分子的结构尚不清楚。当时，德国著名化学家凯库勒也在研究。一次，他绞尽脑汁，百思不得其解，面对火炉打起瞌睡来。在睡梦中，他看见很多碳、氢原子首尾相连，形成了很多环，在他面前跳动不已，其中一个环突然飞到他的眼前，像一道闪电，把他惊醒。梦中原子排成的环，使他受到启发，经过进一步研究，他终于得出了苯分子的结构是六角形环状的结论。

这种奇特的现象通常被人们称为"灵感"，而在心理学上，我们称之为顿悟，它是指人在特定刺激诱发下突然产生的对某一问题的醒悟。这是人们在实践活动中因情绪高涨而突然表现出来的创造力。创造者在丰富实践的基础上进行酝酿思考，由于有关事物的启发，促使创造活动中所探索的重要环节得到明确的解决。用周恩来总理的话说，灵感是"长期积累，偶一得之"的一种创造。

当灵感出现的时候，思维的一系列中间过程都被省略了，剩下的是首尾的环节，在这种状态下，人往往会豁然开朗，一下子将解决问题的途径、方法和盘托出，然后再逐步恢复中间过程。

灵感又是一种潜意识的活动，当对某个问题，经过一段时间的专注思考、研究之后转入休息或从事其他工作时，人的大脑已经不再有意识地注意这个问题了，但是还在通过潜意识的活动，继续思考着它。所以，当灵感出现时，往往感到它仿佛突然从天而降，让人茅塞顿开，但又无从知晓它的来龙去脉。

那么，灵感是怎样产生的呢？

首先，灵感的产生需要人有较强烈的行为动机，并为此进行长时间的专注的、积极的思索和钻研。心理学认为，在灵感出现之前，必须经过一段长期艰苦的致力于创造性解决问题的劳动。而灵感的突然从天而降，正是人长期不懈的创造性思维活动的结果。人们只有怀着对创造新事物、发现新问题的强烈愿望，凭着不怕困难、锲而不舍的顽强毅力，长时间地冥思苦想，使自己的思想达到饱和却又不是极度疲劳的状态，才可能促成灵感的产生。

其次，灵感多产生于经过长时期连续思考后转入休息或进行其他休闲活动的时候。人的意识好像一座冰山，露出水面的叫"显意识"，藏于水中的是"潜意识"。前者能被人觉察，如人们的思考、讨论，而后者却不能，灵感思维通常就是潜意识活动的结果。科学家们认为，潜意识的能力要比显意识更强，显意识受常规思维的影响，难以自由发挥，而灵感则往往需要突破常规，它是一种顿悟。人们对一个问题经过长时期的冥思苦想，在多次尝试反复失败后，会暂时丢开该问题，去休息、娱乐、锻炼，这时，人的思维反而排除了外界事物的干扰，显意识活动下降了，潜意识思考活动的信息就会突然冒出来，灵感就此产生了。

古希腊时阿基米德奉国王之命鉴定工匠制作的金王冠是否掺有白银，他为此日夜冥思苦想，但一直没有想出办法。有一天，他在家里洗澡，他跳进浴盆，有许多水立时被排了出来，他突然悟到：当容器注满水后，物体的体积等同于它浸在水中时溢出的水的体积，比金子轻的白银如果要达到同样重量，它的体积必然超过金子。于是他把与原先国王交给工匠的相同重量的金子和那顶金王冠分别放入注满了水的容器中，然后比较它们分别排出的水的体积，终于解决了难题，并据此发现了物理学上著名的"阿基米德定律"。

另外，灵感的产生还与人的情绪、情感有密切联系。歌德创作《少年维特之烦恼》时，就是处于非常悲伤之际。他听说少年时爱上的姑娘嫁给了别人，非常伤心，甚至打算自杀。这时，忽然听到一则因失恋而自杀的新闻，他灵感突来，只用了两周时间就写出了这部不朽名著。屈原的《离骚》、岳飞的《满江红》、文天祥的《过零丁洋》这些文学杰作，也都是在满怀悲愤时一气呵成的。

所以，灵感不是极少数天才才具有的一种神秘的精神状态。只要我们排除外界的干扰，在学习和工作中勇于探索、积极思考，并注意劳逸结合，每一个人的大脑都可能在自己不经意间迸发出美丽的思维火花——灵感！

奇妙的心理暗示

美国某大学心理系的一堂课上，一位教授向学生们介绍了一位来宾——"比尔博士"，说他是世界闻名的化学家。比尔博士从皮包中拿出一个装着液体的玻璃瓶，说："这是我正在研究的一种物质，它的挥发性很强，当我拔出瓶塞，它马上会挥发出来。但它完全无害，气味很小。当你们闻到气味，请立刻举手示意。"

说完话，博士拿出一个秒表，并拔开瓶塞。一会儿工夫，只见学生们从第一排到最后一排都依次举起了手。但是后来，心理学教授告诉学生：比尔博士只是本校的一位老师化装的，而那个瓶子里装的物质只不过是蒸馏水。

心理系的学生之所以"睁着眼睛说瞎话"，是因为受到了比尔博士的暗示。他暗示瓶子里装的是一种他正在研究的物质，气味很小，所以学生们就相信了，并且似乎闻到了那种特殊物质的气味。

心理暗示现象在人们的日常生活中非常普遍，暗示每天都在不同程度地影响着人们的生活。比如，你可能有过这样的经历：一道新菜上来，尝一尝并没有觉得有什么特殊滋味，等主人详细介绍之后，你才渐渐体会到菜的新奇和特殊来。

再比如，有一天同事突然说："你的脸色不太好，是不是病了？"这句不经意的话你起初还不太注意，但是，不知不觉地，你真的会觉得头重脚轻，浑身隐隐作痛，似乎自己真的病了似的。最后，因为太担心，你到医院做了一番检查，当权威的医生向你宣布"没病"之后，你顿时觉得浑身轻松、充满活力，病态一扫而光。这些现象初看起来似乎不可思议，其实，这都是心理暗示在起作用。

暗示指人或环境以非常自然的方式向个体发出信息，个体无意中接受了这种信息，从而作出相应的反应的一种心理现象。巴甫洛夫认为：暗示是人类最简化、最典型的条件反射。

暗示分自暗示与他暗示两种。自暗示是指自己使某种观念影响自己，对自己的心理施加某种影响，使情绪与意志发生作用。例如，有人早上起床照镜子时发现自己的脸色不太好看，并且觉得上眼睑水肿，恰巧昨晚睡眠又不好，这时马上就产生不快的感觉，顿疑自己是否得了肾病，继而觉得自己全身无力、腰痛，于是觉得自己不能上班了，甚至到医院就医。这就是对健康不利的消极自我暗示作用。而有的人则不是这样，当在镜子里看到自己脸色不好，由于睡眠不好而精神不振、眼圈发黑时，马上用理智控制自己的紧张情绪，并且暗示自己：到户外活动活动，做做操，练练太极拳，呼吸一下新鲜空气就会好的，于是精神振作起来，高高兴兴去工作了。这种积极的自我暗示，有利于身心健康。

他暗示，是指个体与他人交往中产生的一种心理现象，别人对自己的情绪和意志发生作用。如东汉末年曹操的部队在行军路上，由于天气炎热，士兵都口干舌燥，曹操见此情景，大声对士兵说："前面有梅林。"士兵一听精神大振，并且立刻口生唾液。这是曹操巧妙地运用了"望梅止渴"的暗示，来鼓舞士气。

中世纪的一个监狱里，一个即将处决的犯人被蒙上眼睛，医生在他旁边说，你将被割开动脉，你的血将慢慢流尽而死。说着，医生用一钝器刺了一下犯人手腕处，又悄悄打开身边的一个水龙头，让水慢慢地滴落。不久，那犯人就瘫软下来，竟昏死过去。

那个犯人是被"消极暗示"吓死的。那么，人为什么会不自觉地接受各种暗示呢？要想回答这个问题，我们必须对一个人进行决策和判断的心理过程有一个初步的了解。人的判断和决策过程，是由人格中的"自我"部分，在综合了个人需要和环境限制之后作出的。这样的决定和判断，我们称其为"主见"。一个"自我"比较发达、健康的人，通常就是我们所说的"有主见""有自我"的人。

但是，人不是神，没有万能的自我，更没有完美的自我，因而"自我"并不是任何时候都是对的，也并不总是"有主见"的。"自我"的不完美，以及"自我"的部分缺陷，就给外来影响留出了空间，给别人的暗示提供了机会。

暗示作用，在本质上就是用别人的智能，影响或者干脆取代自己的思维和判断。当然，其本质很少能被受暗示者意识到。这些心理过程通常都发生在潜意识中，也就是发生在不知不觉中。

我们发现，人们会不自觉地接受自己喜欢、钦佩、信任和崇拜的人的影响与暗示。这种对于自主判断的部分放弃，是有一定适应意义的，这可以使人们能够接受智者的指导，作为不完善的"自我"的补充。这是暗示作用的积极面，这种积极作用的前提，就是一个人必须有充足的自我和一定的主见，暗示作用应该只是作为"自我"和"主见"的补充和辅助。积极暗示对于被暗示者的作用，就像是画龙点睛。比如，一名运动员的成绩已经非常接近世界纪录了，这时候，他非常敬佩的恩师在旁边轻轻暗示："你能行，你一定能得第一！"正是这一暗示，激发了他全部的潜能，使他在比赛中真的得了第一。这样的积极暗示，起到的就是画龙点睛的作用。

心理暗示也有非常消极的方面，那就是容易受人操纵、控制，成为别人或异端邪说的受害者。

看得清，记不住

放学的路上，小唐骑着自行车沿马路而行，突然，一辆带斗的卡车风驰电掣般从她身边驶过，竟把她刮倒在公路旁，她的头部、手脚都摔破了，司机却没有发现出了事故。她望了一眼车尾的牌号，可是没等她记住，卡车已经无影无踪了。总算万幸，没有出什么大问题，只是擦破了点儿皮。此刻，她想起一部苏联的小说曾描写过类似的情景，一位民警被一辆强行通过的轿车撞倒了，他躺在地上只是抬头看了一眼远去的汽车，便一动不动，待其他民警赶到时，他说出了汽车牌号就闭上了眼睛。

香港电视连续剧《天下无敌》中曾有这样一段情节，赌王向瞬间驶过的一辆距离约5米的巴士只投去匆匆一瞥，就记住了上面密密麻麻的数行广告语，从而使一旁原本将信将疑的青年心服口服。

这样的情节当然是荒诞的，如果也给你那么一点儿时间（不超过1秒），向你出示一份共约4行的材料，你能记住多少呢？4个字？7个字？还是10个字？可以肯定，你记住的不会超过6个字（或符号）。大量的心理学资料证明，无论在一次特定的呈现中共有几个字，我们一般都只能报告4～5个而已。即使让你看一辆路过的汽车的车牌号，你可能看得清清楚楚的，但不等你把它记下来，那辆车就走远了。

《三国演义》第六十回写蜀中刘璋手下有一人姓张名松，身材矮小，相貌丑陋，但是他的博闻强记世间罕有。刘璋派他出使魏国，曾驳倒当世名士杨修。杨修又拿出曹操仿《孙子兵法》著的兵书十三篇，张松看了一遍，便从头至尾背诵出来，竟无一字差错。杨修大惊，说："公过目不忘，真天下奇才也。"骇得曹操以为兵书为前人所著，便下令将自己所著的兵书烧了。

如果不是电影、小说夸张，便是民警、赌王、张松他们确有"特异功能"。就一般人而论，一目十行、过目不忘是不可能的，遗忘则是绝对的、正常的。有人测验了各年级学生学习后半个月的遗忘率，结果是，小学生把历史知识忘了52%，中学生把化学知识忘了58%，大学生把心理学知识忘了75%，把物理学知识忘了82%。看，遗忘率多么惊人！正因为人有遗忘，所以才发明代替人记忆的工具，如碑石、年表索引、字典辞书、各种文字、录音录像等，外交家有备忘录，政治家有人事记，法官有法律条文，各行各业都有记忆前事的文字，以免遗忘。

前面的事例中，为什么小唐没有记住卡车的车牌号呢？她明明已经看到车牌号了啊，这是为什么呢？

1960年心理学家斯伯林通过巧妙的实验设计，为我们揭晓了这一现象的答案，并且确认了一个新的记忆阶段——感觉记忆阶段。

由于时间短暂，感觉记忆又被称为瞬时记忆，它是记忆的起始阶段，保持的时间很短，视觉信息约在1秒钟内衰退，听觉信息约在4秒钟内衰退，听觉的感觉记忆容量比视觉的感觉记忆要小。部分信息经过变换、编码和加工进入短时记忆。

研究表明，感觉记忆中只有那些能够引起个体注意并被及时识别的信息，才能进入短时记忆。相反，那些与长时记忆无关的或者没有受到注意的信息，由于没有转换到短时记忆，很快就消失了。

我们多数人有这样的经验，当外部刺激作用于感官，产生感觉像后，即使刺激已停止，而感觉像仍会维持片刻以便作信息处理，所谓的余音绕梁就是这个道理。而所谓视觉后像则更为普遍，我们在看东西时，不受眨眼的干扰而保持知觉的连续，就是依靠视觉后像的滞留作用，否则，我们眼中的世界就只是一格一格的幻灯片了。

一心多用

小时候老师就同我们讲过，做事需一心一意，不能三心二意。但不少人却喜欢一边工作，一边听音乐。

"一边工作一边听音乐"行吗？一脑真的可以两用？不是有高超的棋手可以同时和几个对手下棋吗？一脑怎么不能两用？甚至几用都可以！也确有人认为，一边听音乐，一边工作，效果也不错，至少并无大碍。

但也有相反的例子。南北朝时刘勰曾巧妙地设计了一个实验，他让一个人左手握笔画一个正方形，右手画一个圆形，结果那人圆没画成，方也没有画成。画圆形和画正方形对常人而言并不困难，但是让你左右手同时进行，就立刻脑钝手拙。

这个事例告诉我们，一个人同时完成两种活动，同时思考两件事，同时注意两个事物的细节部分，或同时进行两种比较复杂的劳动，是非常困难的。比如，我们不能又看书又看电视；在解数学题时不能同时写作文；司机开车时不能回头与乘客聊天；士兵在瞄靶射击时不能观赏四周的景致……

严格地说，一个人同时思考两件事，同时注意两个事物的细节部分，同时进行两种较复杂的动作，都是不可能的。如果有人硬要尝试的话，那么他必定得放慢速度，甚至可能出错。

有心理学家曾做过一个实验，要求被试者观察天平，判断天平一端物体的重量，同时又要看显示器上出现的 3 ~ 6 条短线，判别有几条。这两项工作，分开进行的成绩全对者 100%；两项同时进行时，都做对的只有 12%，做对一项的占 60%，两项都错的为 28%。可见，注意分配并不是轻易做得到的。

生活中也确有"一心多用"的事例。《三国演义》里的庞统，曾担任一个县的县令，他嫌官职太小，整天喝酒睡觉，不办公事。一次，张飞来视察，怒斥他为官不出力。庞统立刻唤差人把所有原告和被告带到堂下，眼看堂下，耳听原被告的申诉、辩解，手写判文，口中发落，不到半日即将百余日累积的案子断得一清二楚，令张飞目瞪口呆。庞统这种惊人的本领就属"一心多用"。高超的棋手可以同时与几个对手下棋也是如此。

大革命时期的法国皇帝拿破仑在草拟《法典》时，口述民法、刑法、商法等法律条文，必须要有十二三个速记员才可记录下他的口述内容。

上述这些事例都涉及了心理学上关于注意分配的问题。注意的分配是指人在进行两种或两种以上的活动时能把注意指向不同对象的现象。在实际生活中，有许多活动要求人们分配自己的注意。例如司机开车时既要驾驶车辆，又需要留意车前的行人；教师在课堂讲课，既要讲授，又要板书，还要观察学生听课的情况等。我们平日骑自行车的时候，眼睛始终要注视前方及左右两边的情况，脚要蹬踏板，手还要控制车闸，这也是一个典型的注意分配的例子。

注意的分配对人的实践活动是十分重要的。复杂的工作都要求人们的注意分配，尤其是操作工人、司机、球类运动员、飞行员、教师、乐队指挥等，他们工作时注意的分配都十分重要。

从生理上来看，注意的分配之所以可能，是因为大脑皮质上占主导地位的区域兴奋时，某些其他区域只有局部的抑制。因此，这些区域就能够控制一些同时进行的动作。如果动作是习惯的和自动化的，那么，当同它相应的大脑皮质区域处于局部抑制状态的时候，进行这些动作的可能性就大些。由此可知，注意的分配是有条件的，它是人们在学习实践的过程中经过长期锻炼形成的。

首先，同时并进的两种活动必须有一种是熟练的。由于人们对熟练的活动不需要更多的注意，因此，可以把注意的中心集中在比较生疏的活动上，即同时达到的信号不能超出人脑的加工容量。这样，人就能对两者都作出反应，使注意的分配成为可能。

例如，乐队指挥在"手挥细枝，耳听五弦"时，双手的动作，两耳对音律的聆听、辨别，是因为熟练，他的注意中心则在曲子的演奏上。但对一个初学者而言，因为不熟练，这种注意的分配则是很困难的。如刚开始学骑自行车时，两眼总是盯着自己的车把，须不断重复摆正身体的姿势，有时只顾脚踏板，临要刹车时就会手忙脚乱，车也会东倒西歪，更不用说去关注周围其他的事物了。但如果骑车已经很熟练，就不会有上述情况。心理学研究表明，同时进行的几种活动越简单、越熟悉、自动化程度越高，则注意的分配越容易，否则越难。

其次，同时进行的几种活动之间的关系也很重要。如果它们之间毫无联系，则同时进行就很困难。学生一边坐着听课，一边拿弹弓打鸟雀就根本无法做到。但如果它们之间已经形成了某种反应系统，同时进行这些活动就比较容易。例如，一边弹吉他一边唱歌，载歌载舞，把弹和唱、歌和舞形成系统，就有利于注意的分配。

有些人不善于分配注意，习惯于把自己的注意固定在一个方面，如有的人一边走路一边看书常常会撞到树或电线杆什么的。而另一些人则不能稳定自己的有意注意，总是不断地转移。如有的学生上课时不专心，容易分神，人坐在教室中听课，眼睛却老是被课堂外的景物吸引，以至于影响了听课效果。

因此，注意的分配是因人而异的，同时也与他对活动的熟练度有关。我们在做一些重要的工作时，最好不要分散注意力，只有高度集中、稳定的注意，才能保证工作的顺利进行，并取得良好的效果。

时光飞逝与度日如年

不知道你是否留意过，当你做你喜欢的事情时，你觉得时间过得很快，可以说是时光飞逝；当做一件你不喜欢的事情时，你如坐针毡，觉得时间过得很慢，似乎都过了 1 个小时了，可实际上才过了 10 分钟。这是因为你对时间的知觉发生了错误，我们对时间长短的感觉，会因在这个时间内所做的事，而产生不同的错觉。

时间错觉是指对时间的不正确的知觉。由于受各种因素的影响，人们对时间的估计有时会不符合实际情况——有时估计得过长，有时估计得过短。

一般地，当活动内容丰富、引起我们的兴趣时，对时间估计容易偏短；当活动内容单调、令人厌倦时，对时间的估计容易偏长。

当情绪愉快时，对时间的估计容易偏短；情绪不佳时，对时间的估计容易偏长。当期待愉快的事情时，往往觉得时间过得慢，时间估计偏长；当害怕不愉快的事情来临时，又觉得时间过得太快，时间估计偏短。

此外，人们的时间知觉还具有个体差异，最容易发生时间错觉现象的是儿童。

人们对时间的错觉容易使人想起爱因斯坦的相对论，关于相对论，爱因斯坦有一个精妙的譬喻，对它进行了简单而恰当的概括。他是这样说的："当你和一个美丽的姑娘坐上两小时，你会觉得好像只坐了一分钟；但是在炎炎夏日，如果让你坐在炽热的火炉旁，哪怕只坐上一分钟，你会感觉好像是坐了两小时。这就是相对论。"

和美丽的姑娘聊天，当然是甜蜜的体验，人人都希望它能长时间持续下去；相反，炎炎夏日，在炽热的火炉边烤着，分分秒秒都是煎熬，好像受刑，都希望它赶快结束。也许正是因为自己的主观愿望和实际情况的比较，使我们产生了这两种截然相反的时间错觉。我们平时所说的"欢乐嫌时短""寂寞恨更长""光阴似箭""度日如年"，也是这种情况的表现。

下面的这个故事会让你更加深刻地体会时间错觉，故事的主人翁叫罗勃·摩尔，他这样回忆：

1945 年 3 月，我正在一艘潜水艇上。我们通过雷达发现一支日军舰队——一艘驱逐护航舰、一艘油轮和一艘布雷舰——朝我们这边开来。我们发射了 3 枚鱼雷，都没有击中。突然，那艘布雷舰直朝我们开来（一架日本飞机把我们的位置用无线电通知了它）。我们潜到 150 米深的地方，以免被它侦察到，同时做好了应付深水炸弹的准备，还关闭了整个冷却系统和所有的发电机器。

3 分钟后，天崩地裂。6 枚深水炸弹在四周炸开，把我们直压海底——276 米深的地方。深水炸弹不停地投下，整整 15 个小时，有一二十个就在离我们 50 米左右的地方爆炸——若深水炸弹距离潜水艇不到 17 米的话，潜艇就会被炸出一个洞来。当时，我们奉命静躺在自己的床上，保持镇定。

我吓得无法呼吸，不停地对自己说："这下死定了……"

潜水艇的温度几乎有 100 多华氏度，可我却怕得全身发冷，一阵阵冒冷汗。15 个小时后攻击停止了，显然那艘布雷舰用光了所有的炸弹后开走了。

这 15 个小时，在我感觉好像有 1500 万年……

惊人的恐怖给人造成了巨大的时间错觉，恐怖的感觉给人带来的不只是"度日如年"。

在一个时间周期内，人们往往感觉到前慢后快。比如，一个星期，前几天相对于后几天感觉慢，过了星期三，一晃便到了星期天。一段假期，前半段时间相对后半段显得慢，当过了一半时间，便觉得越来越快。所以有人说："年怕中秋日怕午，星期就怕礼拜三。"这种现象的原因是：在一段时间的前期，你觉得后面的时间还很多，就不着急，就感到时间慢；越到后来，你越感到时间所剩不多，越感到着急，也就觉得时间过得快。

在人的一生中也有这个规律，人在童年时代感到时间过得慢，就像歌里唱的，"那时候天总是很蓝，日子总过得太慢"，因为你觉得以后的时间还有的是。等到老了，尤其过了 30 岁，就开始感到时间不那么多了，就开始着急，也就觉得时间过得快了。

其实，时间并不像我们想象的那样充裕。在任何时候，珍惜时间都是必要的。

望梅止渴

历史上有名的"望梅止渴"的故事，看似一个简单的故事，里面却包含着一个心理学的道理，那就是条件反射。

反射是人体基本生理反应之一，它遵循：刺激→感受器→中枢→效应器→反应这一模式。你可能会记得，在医院体验时，有医生手持小皮锤击打你膝盖的凹处，而这时你的小腿会不由自主地弹起，这是最简单的膝跳反射。

尽管反射现象很早就为心理学家所注意，但是第一个系统地研究条件反射的人是俄国的生理学家巴甫洛夫，他曾因消化腺生理学研究的卓越贡献而获得1904年的诺贝尔生理学奖。而他对经典条件反射的研究缘于一次意外，他是在进行动物消化功能的研究时，偶然触及了经典条件反射的研究。

巴甫洛夫设计了一种研究狗的消化过程的实验，他在狗的腺体和消化器官中植入管子，将其中的分泌液导入体外的容器，这样就可以对分泌液进行测量和分析了。为了让狗产生分泌液，巴甫洛夫的助手要把肉末放到狗的嘴里。这种程序重复几次以后，巴甫洛夫观察到狗表现出一个他未曾料到的行为——它们在肉末放进嘴里之前就开始分泌唾液了！后来仅仅是看见食物，再后来是看到拿着食物的助手，甚至仅仅是听见助手走过来的脚步声，就开始分泌唾液了。事实上，任何有规律的先于食物出现的刺激都能诱发狗分泌唾液。

巴甫洛夫系统研究了这种现象，提出了"条件反射"的概念，后人称之为"经典条件作用"。

实验中他先让狗听到一阵铃响，然后给予其食物，重复多次后发现，即使仅给予铃声刺激而没有食物出现，狗也会分泌唾液了。巴甫洛夫把食物称作无条件刺激，它一般能引起预期的反应，此时的反应为无条件反应；把铃声称作中性刺激，当食物和铃声两者相继反复出现，狗就能够形成条件反应，中性刺激成为条件刺激，而这整个过程就是条件反射。

条件反射与无条件反射不同，后者是自动的，是一种生理反应，而前者需满足一定的条件。研究表明两个刺激间隔约 5 秒时，形成条件反射最快，如果间隔过长则很难形成条件反射。条件反射形成之后，如果得不到强化，条件反射就会逐渐削弱，甚至消失。例如，狗对铃声形成唾液分泌的条件反射之后，得到了食物（强化），条件反射将进一步巩固；如果只有铃声而不给食物，已经形成的条件反射就会消退。

根据信号刺激的特点，巴甫洛夫把大脑皮质的功能分为第一信号系统活动和第二信号系统活动。凡是以直接作用于各种感觉器官的具体刺激为信号刺激而建立的条件反射系统，称为第一信号系统活动，这是动物和人类共有的。但对于人类，不仅周围环境中的具体事物可以起信号作用，抽象的词也可以作为信号刺激，引起条件反射活动。

在行军途中，曹操说"前面有梅林"，"梅"这个词刺激了众将，使将士们仿佛看到了酸甜的梅子，不由自主地流出了口水，止了渴。另外，条件反射很容易消退，如果曹操反复运用这一伎俩却始终没有梅子出现，那么士兵也就不再分泌唾液，条件反射也就消退了。

眼球争夺战役

走在大中城市的街道上，你会看到诸如诺基亚、西门子、LG 等国际知名品牌的醒目广告招牌，每次从那里走过，这些企业的名字，都会在你心中打下更深的烙印。

这种对各厂家广告招牌的注意，心理学上称为无意注意。无意注意是指没有预定目的，也不需要做意志努力的一种注意。外界事物和对象的新颖性，是引起人们无意注意的条件。无意注意还与一个人的兴趣及面临的职业任务有密切关系。一个体育爱好者在看报纸的时候，总会无意中去看那些有关体育消息的报道。

除了无意注意外，还有一种注意叫作有意注意。有意注意是指有预定目的，需要在意识控制下，通过意志努力来维持的注意。如汽车司机在行车过程中，要时刻注意路面、车辆和行人，一刻也不能分神。有意注意是人所特有的一种心理现象，人们在工作和学习中从事创造、解决问题、进行智力活动都需要有意注意。

保持有意注意常常是在有干扰、有困难的情况下进行的，因此就要用坚强的意志与干扰和困难作斗争，这是很不容易的。

现在我们都已对"眼球经济"这个词并不陌生。1996 年，英特尔的前总裁葛鲁夫提出：整个世界将会展开争夺眼球的战役，谁能吸引更多的注意力，谁就能成为下个世纪的主宰。

他的确概括了我们这个时代的突出特征。有人说，这是一个推销的世纪，推销能力、宣传能力在以往任何年代似乎也没有今天这个时代显得重要。之所以如此，是因为：工业文明形成生产过剩，导致竞争目标转移。现在发达国家的一个大汽车厂一年的产量，够世界各国一年的需要。类似过剩的生产力还有很多。我国和一些发展中国家的生产力，也已出现了相对过剩，彩电、冰箱、布匹、自行车等已超过年需求的四五倍。

过剩的生产力同有限的需求相比，从不足到过剩，导致了竞争的重点从商品的竞争转移到注意力的竞争上来。谁想要卖掉商品谁先得竞争大量的注意力。

我们都知道，这是个信息爆炸的年代，世界信息量以爆炸方式骤增，信息量现已经过剩并难以量化。信息量的爆炸发展导致了注意力的相对短缺。全世界的注意力却是有限的，信息量的爆炸发展和过剩打破了与原来注意力的比例，造成了注意力的相对缺少。物以稀为贵，注意力在现代社会已成了稀缺物品，当然各商家要争夺它了。

所谓推销、推广、宣传，说白了就是争夺人的注意力。这也就不奇怪，在交通要道，在人多的路口，为什么会有大幅广告牌竖立。这些广告牌即使价格不菲，也竞争激烈，因为它是最方便的争取注意力的方式。

而注意力，在心理学上是有规律可循的。成功的广告商都是很善于利用注意力规律的人。

人们对近期发生的事记忆较牢，这是由于注意力有一个特点，近期获得的经验可能会引起注意的定式。

在伦敦某地铁的出口处没有电梯，只有一段陡峭的楼梯。在楼梯的台阶之间印有"为呼吸困难者使用"等字样，每一个经过的人都可以看到。当大多数人气喘吁吁地奔上楼梯时，这则广告一下就触动他们的心，因为这说的正是他们的状态啊！

同样，不久之前的经历也能引起人们的注意。那些所谓的时事广告就是这种类型。例如，当一部电影获得巨大成功之后，同名的书会很快出来，而且相关的饰物也会热销。

无意中露出马脚的间谍

第二次世界大战期间，各国都十分重视间谍机构的活动，都希望在情报方面战胜对手，以利于在整个战争中获取主动。同时，反间谍机构也都在积极活动。一次，盟军反间谍机关收审了一位自称是来自比利时北部的"流浪汉"。他的言谈举止使人怀疑，眼神也不像是农民特有的。因此，法国反间谍军官奥克多认定他是德国间谍，可是他没有更有力的证据。奥克多决定打开这个缺口。

审讯开始了。奥克多提出的第一个问题是："会数数吗？"这个问题很简单。"流浪汉"用法语流利地数数，没有露出一丝破绽，甚至在说德语的人最容易说漏嘴的地方，他也能说得很熟练。于是，他被押回小屋去了。

过了一会儿，哨兵用德语大声喊："着火了！""流浪汉"仍然无动于衷，似乎真的听不懂德语，照样睡他的觉。

后来，奥克多又找来一位农民，和"流浪汉"谈论起庄稼的事，他谈的居然也并不外行，有的地方甚至比这位农民更懂行。看来奥克多凭外观判断的第一印象是不能成立的了。于是奥克多又想出了一个新的办法。

第二天，"流浪汉"在被押进审讯室的时候，显得更加沉着、平静。奥克多非常认真地审阅完一份文件，并在上面签字之后，抬起头突然用德语说："好啦，我满意了，你可以走了。你自由了。""流浪汉"一听到这话，长长地松了口气，像放下一个沉重的包袱。他仰起脸，愉快地呼吸着自由的空气，兴奋之情溢于言表。

"流浪汉"露出的欣慰的表情，虽然是一刹那间发生的，但这个表情却透露出他懂德语这一信息，从而使他露出了马脚。经过进一步的审讯，"流浪汉"最终承认了自己是一个德国间谍。

这是一场典型的心理战。法国军官奥克多利用人的潜意识心理，转移德国间谍的有意注意，忽然用德语说释放他，从而他的无意注意让他在不经意间露出得意之色，暴露了自己。

无独有偶，也是二战期间，一天，苏联某集团军司令部来了一个检查组，自称是检查工作的。一次偶然的机会，苏军的一个参谋发现检查组的一名成员随着德国交响乐的节奏用手指在桌上敲击。苏军参谋立即将该情况向上级做了汇报。上级调查后发现，根本没有派什么检查组去检查工作，这些人全部是德国的间谍。

注意是一种心理状态，它是意识的警觉性和选择性的表现。一切心理活动都必须有注意的参加，否则，不能顺利有效地发生、发展。注意可以分为有意注意和无意注意两种。有意注意也称随意注意，是一种有目的、有准备、必要时还需要一定努力的注意。无意注意也称不随意注意，是没有准备的、自然发生的，也就是不需要任何努力的一种注意。有意注意和无意注意往往是交互进行的，因为任何单一的注意都不可能维持长久。

注意是心理活动对一定对象的指向集中，没有注意的参与，任何心理过程、活动都不能正常进行。注意具有两个特点，即指向性和集中性。《孟子》上曾经记载这样一个学棋的故事。奕秋是全国最善于下棋的人，他教两个人下棋。其中有一个人是一心一意地学，听从奕秋的教导；另一个人虽说也在听讲，但心里却想着有大雁要飞来，要拿弓箭去射它。两个人虽在一起学习，但学习的效果却明显不同，那位专心学习的远比那个心中只想着射大雁的效果要好。"学弈"的故事启迪我们，学习必须要专心致志，专心致志就是心理学中的注意过程。教育学家乌申斯基说过，注意是我们心灵的唯一的门户，意识中的一切，必然都要经过它才能进来。如学生在课堂听课时，要指向和集中于老师的讲述；我们在看电影时，心理活动则指向和集中于银幕上情节的变化。

除了指向性和集中性以外，注意还具有广度、分配和转移等特性。比如一般人阅读是按字、词来读，或者稍快点儿按行来读；有的人则是几行几行地、一段一段地扫描过去，发现值得注意的内容就放慢速度。这些就是注意广度大小的问题。显然，前者的广度小，后者的广度大。列宁具有超人的注意广度，他能提纲挈领地抓住文意，具有"一揽子"的阅读能力。据列宁战友回忆说："列宁读电报似乎连扫一眼电报内容都不能那么快，可是他已把所有的电文记熟了，以后还能逐字逐句援引，并且提到数字时总是很准确……"

平时有些活动，需要注意的分配和转移。如拉手风琴，一般都是将意识集中于右手，兼顾左手，但有时也用左手低音演奏主旋律，用右手伴奏，这时意识就集中到左手上了，这就需要具备较好的注意分配能力和转移能力。

一般来说，突然发生变化的刺激会引起人们的无意注意。比如平常下班回家看见自己的孩子活蹦乱跳地玩，一般家长不会引起注意，因为孩子一贯如此。可如果有一天回家，发现孩子却无精打采，一个人在家里发呆，就会引起家长注意。

在背景中特别突出的人或事物能够引起人的注意，比如人群中的大高个子。不断变化的刺激，也让人注意，比如电影中不断变化的镜头。

对于自己需要的东西，容易引起人们的注意，就像故事中的"释放"的命令对于那个德国间谍，使他无意地注意到，从而也在无意中暴露了自己的情绪。

因为思维特点的不同，不同的人，所注意到的事物是不同的，也就是说每个人的注意都有他自己的选择性。

情绪和情感

不幸的替罪羊

某百货公司董事长赵先生对公司的现状很不满意。为整顿公司，赵先生召集了一次公司全体员工大会。赵先生在讲话中说："我们必须振作起来，使公司有一个新的气象。经公司董事会研究决定，从整顿纪律开始做起，首先就是上班迟到早退现象。现在，我以公司董事长的身份以身作则，希望大家都能遵守纪律，好好工作，尽最大的努力，那么公司就会有更好的发展，给大家更好的回报。"

董事长确实言出必行，每天早早就来公司上班。但没过几天，赵先生因为前一晚有应酬活动，早上起晚了，为了尽快赶到公司，他将车开得很快，在路上不小心闯了红灯，被交通警察拦住，训斥了一通，还得到了一张罚单。

董事长赵先生非常生气。当然，等他赶到公司时，已经迟到了很长时间，他觉得公司里所有的人都在看着他，都在议论这件事。他怒气冲冲地走进办公室，想迅速做点儿什么，以转移别人的注意力。他抓起电话，通知销售部门经理到他办公室。销售经理一进门，他就生气地问这个月的销售额有多大的增长。销售经理说："董事长，这个月虽然大家都很努力，可是我们的销售额还是没有太大的增长……"

"你们是怎么回事？"董事长愤怒地冲着销售经理喊起来："你知道，你们的薪水都够高的了。以前你们不好好干，现在公司开完会还没有好的起色。你告诉你的手下，让他们当心点儿，包括你自己！要是再这样下去，你们就都别在这里干了，请另谋高就吧，哼……"

销售经理被董事长训斥一顿后，垂头丧气地走出董事长的办公室，他的心情坏透了，心想："真倒霉！公司里那么多部门都人浮于事，我已经够尽心尽力的了。要不是我们部门，公司早不知成什么样了，公司靠我才经营得下去。可他今天竟然这样对待我，真是岂有此理！"

销售经理回到自己的办公室，便把秘书叫进来问："今天早上我让你整理的材料准备好了没有？"秘书回答说："没有，还没来得及呢！今天早上电话特别多，我一直都在接电话，有个客户抱怨了很长时间，我刚做好他的工作。"销售经理的火就冒上来了，他说："你怎么会有这么多的借口！我告诉你，你赶快把那些材料整理好，如果你办不到，我就交给其他人去做。你这个月的奖金还想不想要了……"

愤怒已经传递到了这位秘书的身上。她从销售经理办公室里走出来，一肚子的委屈，眼泪都快掉下来了，她心里想："真是莫名其妙。今天上班这么多事，我干得过来吗？这么多年了，我一直这么努力，比其他人做得更多，可加薪提职从来没有我的份儿，还这样批评我。岂有此理！"

秘书的不愉快一直持续到下班。她闷闷不乐地挤公共汽车回家，缓慢行进的破旧公共汽车、挤来挤去的人群，使她的心情更加烦乱。等她回到家里，看到的第一件事情是，她12岁的儿子正躺在地板上看电视，作业本摊在桌子上，作业显然还没有写完。她不由得怒气冲天，大吵大嚷："跟你说过多少遍了，放学回家先做作业，你怎么这么贪玩儿！我告诉你，你不好好念书，看你将来怎么办？我挣钱供你念书容易吗……"诸如此类的话，她可能会说一个晚上了。

儿子低着头从地板上爬起来，灰溜溜地坐到桌子旁边，开始做他未完成的作业。他在心里说："又来了，我的作业就剩这一点儿了，刚打开电视嘛。我今天在学校表现挺好，老师还表扬我，可是，她……"就在这时候，家里的猫走到桌子跟前，小孩狠狠地踢了它一脚，喊道："你给我出去！你这臭猫。"

最终，愤怒从董事长赵先生那里传递到了秘书家的那只猫的身上，猫到哪里去发泄它的不满呢？我们不再往下推进。这一连串的事件，已经清楚地描述出了愤怒情绪的传递过程。在这一过程中，销售经理、秘书、小男孩、猫都充当了"替罪羊"的角色。

当人们烦闷或恼怒，但却不知烦闷、恼怒的根源所在，或知其根源但不敢对根源进行攻击的情况下，往往就会去寻找根源的替代品作为发泄或出气的对象，这就是替罪羊行为。

替罪羊行为的发生一般有以下三个特点：一是烦闷或恼怒的根源太强大因而不敢攻击，或者是因为自己的过错而导致了情绪低落，不愿攻击自己，也可能是不知根源所在，无法攻击，这时往往就要去找替罪羊了。二是常常找比自己弱小的对象作替罪羊，借此发泄自己心中的不快。三是在替罪羊行为发生前，总要无事找事，寻找出气的导火线。

生活中我们经常能够看到这种现象。一个人的不良情绪一旦无法正当发泄和排解，会怎么样呢？这时人往往会找一个出气筒，把不良情绪转移到他人身上，有时候人的不良情绪甚至会在无意中影响到他人。不论怎样，在生气、愤怒时拿别人出气，找替罪羊是不对的，对别人也是不公平的。我们自己肯定不愿意做他人的替罪羊，同样的道理，别人也不愿意做替罪羊。因而，我们应该克制自己的不良情绪，防止把不良情绪传染给别人，更不要拿别人做替罪羊。

吃不到的葡萄是酸的

《伊索寓言》中记载了这样一则寓言：一天，一只饥饿的狐狸出来找东西吃，它已经一天没吃东西了，肚皮早已饿得瘪瘪的了。忽然，它看到路边葡萄架上挂满了沉甸甸的葡萄，狐狸的口水都出来了！可是葡萄很高，它够不着，怎么办呢？对了，跳起来不就能够着了吗？于是，狐狸向后退了几步，猛地跳了起来。可惜，还差一点儿。

再试一次，还是够不着，而且差得越来越多，于是只好放弃了。临走之前，它安慰自己："葡萄是酸的，不吃也罢。"

这则寓言在世界上广为流传，可以说家喻户晓，在西方还被引入了字典：sourgrapes（酸葡萄），作为短语表示得不到的就说不好。而心理学中也借用了这个术语，用来解释合理化的自我安慰，它是人类心理防卫功能的一种。

其实，我们时常会遭遇那个狐狸的境遇。比如一个公司职员，虽然他很想得到更高的职位，却总也得不到提升，为了保持内心平衡他就会安慰自己：职位越高，责任越重，还不如现在逍遥自在。另一种与"酸葡萄"心态相对应的称为"甜柠檬"心态，它指的是人们对得到的东西，尽管不喜欢或不满意，也坚持认为其是好的。例如你买了一套衣服，回来觉得价钱太贵，颜色也不如意，但你也许还是会告诉别人，这是今年最流行的款式，很值。

所谓心理防卫功能是一种无意识地发挥作用，用以减轻自我所承受压力的心理操作方式。面对某些无法接受的现实，我们总会乐于找出一些善良、可信，也可被理解的理由为己辩护，使自己从不满、不安等消极心理状态中解脱出来。

心理学上有一个实验，本来是为了研究"每个人对事情的兴趣，是否影响到了工作效率"，但是间接证明了"酸葡萄甜柠檬定律"的存在。

心理学家招募了一批大学生来做一些枯燥乏味的工作。其中一件事是把一大把汤匙装进一个盘子，再一把把地拿出来，然后再放进去，来来回回半个小时。还有一件是转动计分板上的 48 个木钉，每根顺时针转四分之一圈，再转回，也是反反复复耗费了半个小时，工作完成后，再分别给予他们 1 美元或 20 美元的奖励，并要求他们告诉下一个来做实验的人这个工作十分有趣。

奇怪的是，结果发现与一般的预期相反，得到 1 美元奖励的人反而认为工作比较有趣。这似乎说明了，人们对已经发生的不好的事情或受到的挫折倾向于通过自我安慰，将其带来的不愉快情绪减轻。

比如有个学生没有考上自己梦寐以求的名牌大学，而考取了一所普通大学，就在心里说，没考上名牌大学也好，那里竞争太激烈，说不定要拼命学习才能跟上趟，而在普通大学学习，说不定轻轻松松地学习就可名列前茅。又如一名普通干部在竞争部门经理一职中落选了，心里有失落感，闷闷不乐，后来想：职务越高，职责越重，当个平民百姓可以逍遥自在，还可以有更多的时间钻研业务。这样一来，他情绪很快恢复正常，不再烦恼。

"酸葡萄心理"是自己真正的需求无法得到满足的时候，为了解除内心的不安，编造一些"理由"自我安慰，以消除紧张，减轻压力，使自己从不满、不安等消极心理状态中解脱出来，保护自己免受伤害。"百年人生，逆境十之八九。"心理防卫功能的确能够帮助我们更好地适应生活、适应社会，然而沉溺其间对心理却有显著的副作用。

"酸葡萄心理"也有消极的一面，那就是让自己迷失在这样的心理状态之下，而得不到进步。有人遭遇挫折之后总为自己找一些理由来开脱，因而丧失了斗志，停滞不前。

酸葡萄心理是一种很普遍的心理状态，它有积极的一面，也有消极的一面，关键是我们怎样把握好这种心理。千万不要让自己迷失在这种心理状态之中，影响了自己进步。

偷吃禁果的夏娃

生活中，越是禁止的东西，人越感兴趣，越想得到，这是人的逆反心理的一种表现。

人们在生活中常常会遇到这样的情况：越是被禁止的东西或事情，越会引来人们更大的兴趣和关注，使人们充满窥探和尝试的欲望，千方百计试图通过各种渠道获得或尝试它。这一现象被称作"禁果效应"。"禁果效应"存在的心理学依据在于：无法知晓的"神秘"事物，比能接触到的事物对人们有更大的诱惑力，也更能促进和强化人们渴望接近和了解的需求。我们常说的"吊胃口""卖关子",就是因为对信息的完整传达有着一种期待心理,一旦关键信息在接受者心里形成了接受空白,这种空白就会对被遮蔽的信息产生强烈的召唤。这种"期待-召唤"结构就是"禁果效应"存在的心理基础。

《圣经》中亚当和夏娃偷吃禁果的故事人人皆知:上帝在伊甸为亚当和夏娃建了一个乐园,上帝让他俩住在园中,让他们修葺并看管这个乐园。但是上帝吩咐他们:"园内各样树上的果子你们都能吃,唯独善恶树上的果子你们不能吃,因为吃了它你们就会死。"亚当和夏娃谨记着上帝的教诲。

但是有一天,夏娃禁不起蛇的诱惑,摘下了善恶树上的果子,吃了下去,她又给了亚当,亚当也吃了。上帝得知后将他们赶出了伊甸园,惩罚了罪魁祸首——蛇,让它用肚子走路,责罚夏娃,增加她怀胎的痛苦,让亚当终身劳作才能从地里获得粮食。

在现实生活中,禁果似乎分外香、格外甜,越是不让做的事,越是禁止做的事,人们越是想做。因为它激起了人们的好奇心理和逆反心理。《圣经》中这个关于人类远祖的故事,暗示了人类的本性中具有根深蒂固的"禁果效应"倾向。

你也许不知道,今天我们生活中司空见惯的蔬菜——土豆,在刚刚被发现时,就曾因为被当作禁果,才得到了广泛的推广。

土豆从美洲引进法国时,很长时间没有得到认可。宗教迷信者把它叫作"鬼苹果",医生们认为它对健康有害,而农学家则告诉人们,土豆会使土壤变得贫瘠。这些"权威人士"的断言,使土豆成了不受欢迎、稀奇古怪的东西。

著名的法国农学家安端·帕尔曼切在德国当俘虏时,亲自吃过土豆。他尝到了土豆的"甜头儿"，就想回到法国后，在自己的故乡培植它。可是因为那些权威人士的断言，谁也不敢种土豆。

后来他灵机一动，想出了一个办法。

他得到国王的许可，在一块出了名的低产田上开始栽培土豆。根据他的要求，要由一支身穿仪仗服装的、全副武装的卫队看守这块土地。但只是白天看守，到了晚上，警卫就撤了。

这使人们非常好奇，是什么好东西需要这样煞有介事地看守？一定是好东西，才怕别人偷啊。人们这样一想，就猜测土豆一定是非常美味或很有好处的食品，就禁不住想要知道个究竟。他们于是商量好，到晚上就到那块土地上偷挖土豆，然后种到自己的菜园里去。

不用说，土豆得到了很好的推广，人们发现这是一种风味独特的食品，它没有任何可怕的地方。帕尔曼切就这样达到了目的。

人的心理是多么奇怪啊，越是禁止、不让做的事，人们越是想了解个明白。这是由人们与生俱来的好奇心决定的。人们渴望揭示未知事物的奥秘，本来一个平常的事物，如果遮遮掩掩，就会大大吊起人们的胃口，非要弄到手，研究个明白而后快。否则这种好奇心就会一直折磨人们的心灵。

生活中"禁果效应"是很常见的。比如，历代统治者经常把他们认为是"海淫海盗"的书列入"禁书"之列，如我国的《金瓶梅》和西方的萨德、王尔德、劳伦斯等人的作品。但是被禁不但没有使这些书销声匿迹，反而使它们名声大噪，使更多的人挖空心思要读到它们，反而扩大了它们的影响。

再比如，有些家长总是喜欢禁止孩子做这做那，比如不让读不健康的书，不让早恋，不允许玩游戏、网络聊天等。但是如果一味地严厉禁止，却不讲明利害，就容易产生"禁果效应"，增加孩子的好奇心，使他们在好奇心的驱使下甘冒风险去尝那些也许并不甜的"禁果"，这反倒使教育走向了反面。因而，在教育孩子时，家长和老师应该注意教育方式，避免进入"禁果效应"的误区。

恼人的怒气

生活中，我们难免会遇到各种各样的不如意，因而容易使人产生愤怒之情，进而影响自己的工作、健康，影响和他人的团结。因此，我们有必要了解不愉快情绪的产生和调节，这样才能使我们的生活充满阳光。

不愉快的情感按其深浅强弱可分：略不愉快、不愉快、最不愉快、发怒、大怒、狂怒几种。人在不愉快时，感到厌恶、不舒服，婴幼儿不愉快时哇哇大哭，有教养的成人即便不愉快也还能忍受，可以强装笑脸，不至于失礼。但愤怒时，人的表现就不同了，人在发怒时有明显的生理变化，心跳急速，胆汁增多，呼吸加快，鼻孔扩张，胸部升高，全身发抖。在外部表现为脸面勃然变色，两眉倒竖，两眼圆睁，咬牙切齿，进而伸拳捋袖，怒打怒骂。由此可见，人在不愉快时不一定会发泄，但若在愤怒时就一定发泄。发泄要有对象，如无对象就迁怒于别人或器物。三国时夏侯渊的左眼被流箭射伤，痊愈后每次照镜子看到自己的模样总要大怒，摔镜子。

在特殊环境下，不愉快和愤怒有积极的作用。如面对外来侵略者，人们的愤怒可转化为满腔爱国热情，这种愤怒情感可以激发英勇打击敌人的斗志。但是在大多数情况下，人的不愉快情感和愤怒情感是有害的。长期处于不良情绪之下对人的身心健康有害。

人为什么会有不愉快的情感呢?

首先,不愉快与人的需要没有得到满足有关。人的需要满足了,就会产生快乐的、积极的情感,没得到满足就会产生不快、消极的情感。人有物质和精神的需要,如考不上大学,长期待业,工作不理想,找不到合适的对象,要结婚没有住房等,如果这些问题不能得到合理解决或不能正确对待,就会产生苦闷、埋怨甚至是愤怒的情绪。

需要的东西得不到已经不满意、不愉快,若是已经得到的东西重新失去或遭损坏,那么人的情绪会更坏,不仅不愉快,甚至会怒从心头起,作出不理智的举动。

其次,不愉快与人的自尊心受损害有关。当人受到批评、嘲笑、奚落、讥讽时,就容易垂头丧气,或者勃然大怒。没有自尊心的人唾其面而待其自干,但这样的人很少见。人有脸,树有皮,正常人的自尊心受损害是不会毫无反应的。一旦人的自尊心受到伤害,就容易引起人的愤怒。

再次,不愉快与人的修养有关。需要不能满足,财物受到损失,人格受到侮辱,对于具有高度的精神文明修养的人也会有不快之感,但不一定会动怒,要发怒则怒于内心,不怒形于色。对于缺乏精神文明修养的人,就不是不愉快的问题,而是勃然大怒,大打出手。在公共场合,我们经常见到有人因一件琐事而勃然大怒,进而拳脚相向、大打出手。对于有较高修养的人来说,这种事情是很少发生的。

那么怎样调节控制不愉快情感的发生和发展呢?特别是当你发怒时,怎样才能息怒呢?

古人就有不少制怒的方法,有的主张忍耐,忍得一时气,免受终身忧，甚至主张把忍耐作为"修身、齐家、治国、平天下"的根本大法，他们常说："小不忍则乱大谋。"极力推崇韩信忍受胯下之辱，以成汉朝天下之举。

还有的主张静居寡欲，寻个世外桃源，脱离红尘，与世无争，看一切皆空，连我也不存在，做到这样怒气自然不生。持这种态度的人大抵上是对现实不满，又不愿意奋斗而逃避现实，是不可取的。

还可化愤怒为动力，在逆境中艰苦奋斗，作出惊人的业绩。例如，周文王被囚而演《周易》，屈原被放逐乃赋《离骚》等，这有一定的积极意义。

调节、控制自己的情感，从思想修养上说，有两条要做。一是加强精神文明的修养；二是正确对待、处理人生的各种问题。

如何才能预防和控制怒气呢？

1.减少刺激。整个社会的问题是躲避不了的，这里说的是在你的狭小天地里，某种常令你不快的刺激，可以避开或减少它。例如对性格古怪、是非较多的公婆，对简单粗暴、委屈了自己的领导，对一时误解自己的朋友等，若跟他争个水落石出，闹个你输我赢，没有什么必要，可是，一看见他，心里又冒火，不如暂时先躲一躲，让自己消消气，也让对方冷静一下，再寻找适当机会，谈谈心，互相谅解。

2.转移注意。当某种不平之事使你心潮起伏气难消的时候，可以转移自己的注意。当然，这种办法同减少刺激一样，是临时措施，不是根本之法，但是，它能立刻收到效果，化怒为喜，转忧为乐，有益身心，何乐而不为呢？例如当你遇到一件倒霉的事，越想越气，不如丢开它，不再去想它，转而做些开心快乐的事，诸如听音乐，看戏，看电影，旅行，看些有意义、有趣的书等。但不要寻求酗酒、打扑克这一类的消极办法。有人认为"一醉"可以解"千愁"，其实喝醉过酒的人都知道，这并不是一个好办法，既花了钱又伤了身体，非但不能消愁，还会给你添愁，殊不知"对酒浇愁愁更愁"。

3. 化怒气为动力。一怒之下，向何处发泄？前人有不少例子，鲁达一怒，三拳打死镇关西，代人申冤；武松一怒，血染鸳鸯楼，为己报仇；闻一多一怒，拍案而起，争民权国权；梅兰芳、盖叫天一怒（学戏时受他人嘲笑），刻苦磨炼，自成一派精艺等。我们应当有分析有选择地学习前人。像鲁达、武松那样解决问题，已经不符合时代的形势，可以怒形于色，但不可大打出手。我们主张像梅兰芳、盖叫天那样，由发怒转为发愤，胸有大志，刻苦学习，这是最根本的办法。

不良情绪对人的身心伤害极大，因而我们要调控自己的情绪，及时正确地发泄不良情绪，使自己处于良好的情绪状态。

颜色的巧妙运用

古时候，有人开了一间旅馆，但是由于经营不当，面临倒闭。正好此时阿凡提经过这里，就向旅馆老板献策：将旅馆进行重新装饰。到了夏季，将旅馆墙面涂成绿色；到了冬日，再将墙面刷成粉红色。旅馆老板按阿凡提所说的做了之后，果然很是吸引顾客，生意渐渐兴隆起来。

为什么粉刷墙壁就能改善旅馆的经营状况，使之扭亏为盈？其中的奥秘在哪儿呢？原来阿凡提巧妙利用了人们的联觉心理。联觉是一种感觉引起另一种感觉的现象，这种心理现象实际上是感觉相互作用的结果。上述事例就是通过改变颜色，使不同颜色产生不同的心理效果，从而起到吸引顾客的作用。

不同的颜色会给我们不同的心情，这是每个人都能体会到的。比如我们会根据不同的心情和个性选择不同颜色的衣服，颜色对人的心理影响是很多的。还比如不同色调的画作和摄影作品，会使我们感受到不同的心情。还有，房间里墙壁刷上不同的颜色，也让我们感觉不同。

上面的这些说明颜色会影响人们的情绪。有的时候，这种影响是至关重要的。

国外某地有一座黑色的桥梁，每年都有很多人在那里自杀。后来有人提议把桥涂成天蓝色，结果在那儿自杀的人明显减少了。后来人们又把桥涂成了粉红色，结果，再也没人在这里自杀了。

从心理学的角度分析，黑色显得阴沉，会加重人痛苦和绝望的心情，容易把本来心情绝望、濒临死亡的人，向死亡更推进一步。而天蓝色和粉红色则容易使人感到愉快开朗，充满希望，所以不容易让人产生绝望的情绪。

心理学家对颜色与人的心理健康进行了研究。研究表明在一般情况下，红色表示快乐、热情，它使人情绪热烈、饱满，激发爱的情感。黄色表示快乐、明亮，使人兴高采烈，充满喜悦。绿色表示和平，使人的心里有安定、恬静、温和之感。蓝色给人以安静、凉爽、舒适之感，使人心胸开朗。灰色使人感到郁闷、空虚无聊。黑色使人感到森严、沮丧和悲哀。白色使人有素雅、纯洁、轻快之感。

研究指出，颜色还能影响人的食欲。橙黄色可以促进食欲，黑白色则会降低食欲。适宜的颜色不仅影响食欲，而且可以促进健康。人们通常习惯于把医院和诊所的墙壁刷成白色就是这个道理。因为白色给人清洁的印象，也可使痛苦的病人安静下来，这样有利于治疗、恢复健康。德国慕尼黑市的医院通过实验还发现，浅蓝色的墙有帮助高烧病人退烧的作用，紫色会使孕妇安静，赭色有助于升高低血压病人的血压。

颜色与工作效率也有关系。某企业有过这样有趣的事例：许多搬运黑色和深灰色部件的工人感到这些部件特别沉重。在心理顾问的指导下，管理部门把这些部件改漆成浅黄色后，工人感到比以前轻松多了。专家们还发现，黄色、橙色和红色能激发人们的热情，提高人们的积极性。运动场上总是红旗招展，现在新型的塑胶跑道上也划出了色彩鲜艳的跑道线，其目的亦在于激起运动员的神经兴奋，使他们进入良好的竞技状态。相反，蓝色和紫色等属于消极色，会减慢人们的工作节奏。

不同的颜色使人产生不同的情绪、情感。长期住在红房子里，情绪会兴奋；若住在苹果绿色的屋里，心情会平静下来。接触阳光和灯光，因而对红、橙等色产生幸福温暖之感；接触树木、禾苗，因而对绿色产生生长、希望之感；接触即将收割的稻、麦等，就会对黄色产生成熟、务实之感；经常接触泥土、重金属，则会对黑色和棕色产生沉重、艰辛、凝重之感。

在临床实践中，学者们对颜色治病也进行了研究，效果是很好的。高血压病人戴上烟色眼镜可使血压下降；红色和黄色可使血液循环加快；病人如果住在涂有白色、淡蓝色、淡绿色、淡黄色墙壁的房间里，心情很安定、舒适，有助于健康的恢复。

颜色对人的脉搏和握力也有一定影响。实验证明，人在黄颜色的房间里脉搏正常，在蓝颜色的房间里脉搏减慢一些，在红颜色的房间里脉搏增快很明显。法国的生理学家实验发现，在红色光的照射下，人的握力比平常增强一倍；在橙黄色光的照射下，手的握力比平常增强半倍。

由此可见，颜色不但可以影响人的情绪，而且还会对人的健康产生影响。

天气与心情

生活中，你是否有过这样的体验？如果天气晴朗、阳光灿烂、微风和煦，你会觉得神清气爽、精神振奋、心情舒畅。如果一连几天阴雨绵绵，你会经常感到莫名其妙的烦躁不安、心情低落、郁郁寡欢。

对于这种由于天气变化带来的心情变化，我们不能简单地归结为多愁善感。因为科学家已发现，气候特别寒冷的地带，在冬天人们的情绪会显著地忧郁、低落。而导致人们情绪低落的主要原因就是缺少阳光。此外人们还会出现容易疲劳、嗜睡、喜欢吃大量含碳水化合物的食物等现象。

精神治疗专家发现，人的情绪确实或多或少地会受到天气的影响。人们对天气变化，特别是坏天气的刺激反应强烈，会表现出种种不适症状：疲倦、虚弱、健忘、眼冒金星、神经过敏、精神不振、情绪低落、工作提不起精神、睡眠不好、偏头痛、注意力不集中、恐惧、冒汗、没有食欲、肠胃功能紊乱、神经质、易激动等。

1982 ～ 1983 年的厄尔尼诺现象，曾经使全球大约 10 万人患上了抑郁症，而且精神病的发病率也上升了 38%，交通事故也至少增加了 5000 次以上。原因就是，全球气候异常和天气的灾难，超过了一部分人的心理承受能力。

环境心理学的研究指出，温度与暴力行为有关，夏日的高温可引起暴力行为增加。但是当温度达到一定限度时，即使再升高也不导致暴力行为，而导致嗜睡。温度也和人际吸引有关，在高温室内的被试者，比在常温室内的被试者，更容易对他人作出不友好的评价。

我们都知道，万物生长靠太阳。植物往往有向光性，人也是一样。一般来说，选择阳光充足的居所对人比较有利，因为光是热、土壤、植物、水、空气的轴心。

有心理学家研究表明，在日光灯中加入类似太阳光的紫外线，对健康有好处。让自闭者生活在光线较充足的地方，自闭行为会减少一半，还会增加许多与人互动的行为。而阳光不足会造成视觉疲劳、反胃、头痛、忧郁、郁闷等行为反应。研究甚至发现人在日光灯下与太阳光下的工作效率不同。生活中，如果你仔细观察，就会发现，在阳光充足的地方，儿童会显得更加活泼。

在法国，曾有一段长时间的阴雨天气，于是许多治疗机构创造性地采用人造阳光治疗法，就是用光照来治疗这些等不及阳光出现的病人，并具有明显的疗效。

长时间的天气特征，会形成气候。研究发现，一个人所生活地区的气候与他的性格的形成有直接的关系。这也是因为天气影响到人的心情，天长日久，就影响了性格。所谓"一方水土养一方人"，几乎每个人都无法完全摆脱这种环境的影响。

长期生活在热带的人，性格比较暴躁易怒。纬度高的寒带，气候寒冷，阳光稀少，是抑郁症的高发区。生活在气候湿润、万物生机盎然的水乡的人，一般比较多情、反应机敏。生活在草原上的牧民大多性格豪放，山区的人多是性格率直。秋高气爽的气候被认为最适合创作，长年居住在 15 ～ 18 摄氏度环境中的人，头脑较为发达，文学艺术的成就比较突出。

由此可见，天气对人的情绪有很大的影响，而且，一个地区的气候与人的性格形成也有很大的关联。但是，天气、气候不是人所能控制的，若想拥有好的心情、良好的性格，能改变的唯有你自己。

自我、个性与环境

人心如面，各不相同

俗话说：人心如面，各不相同。这个世上没有两片完全相同的树叶，同样的道理，也没有两个完全相同的人。即使是外貌相似的双胞胎，他们之间还是有差别的，这是因为，每个人身上都有不同于他人的个性。

个性又称作人格，人格是个人所具有的主要和持久的心理特征的总和，是由各种人格特征统合而成的有组织的心理模式。人格是社会化的结果，是在个人的遗传、环境、学习和实践等的相互作用下形成的。人格具有独特性和统一性。世界上没有两个人的人格完全一样。即使是同卵双胞胎，对同一事物，各人的观点和行为也不会一样。

当然，人格也有共同性，使人们对很多事都有共同的情感、共同的价值观和相近的态度等。没有这种共性，也就是一个人在内心世界和行为方式上与他人毫无共同点，那这个人就不能称为"人"了。同样的道理，没有自己独特的个性，与他人一模一样毫无差别，这样的人也不能获得独立的人格。人格是共性和个性的统一。

小Ａ和小Ｂ性情爱好各不相同，但他们同处一室，因而常常为一些事情争论不休。

一天，小Ａ从外面回来，由于在外面赶路觉得燥热，一进门便嚷着屋里太闷太热，随手将门窗全都打开。小Ｂ在家待了一天，哪里也没去，正觉浑身寒冷，便责怪小Ａ不该打开门窗。两个人互不相让，一个要开，一个要关，一个说闷，一个说冷，为一点儿小事闹了好半天，都认为只有自己才是对的。

又有一次，小Ａ从地摊上买了几件廉价的衣服，被小Ｂ看见了，小Ｂ责怪小Ａ没眼光，他认为地摊上的衣服样式不好，而且质量很差，根本比不上专卖店、大商场里的衣服。小Ａ则认为地摊上的衣服便宜，穿几次不喜欢了可以丢掉，而且专卖店、商场的衣服都太贵了。小Ｂ说专卖店的衣服虽然贵但质量好、耐穿……双方争得面红耳赤。

这个世界上的人形形色色，没有任何两个人的人格特征完全相同。

比如在日常生活中我们常看到，有的人谦虚好学，有的人狂妄自大；有的人公而忘私，有的人自私自利；有的人喜怒形于外，有的人则遇事不动声色；有的人和蔼可亲，有的人蛮横无理。而故事中的小Ａ和小Ｂ，不过是性格不同的两个人凑到了一起。但是性格不同是不是一定意味着矛盾和争执呢？

其实大可不必，我们既然理解了人和人本来就不同，就应该放开心胸，不必强求别人和自己一样。在一些非原则性的小事上强求别人，其实是在自寻烦恼。如果都像小Ａ和小Ｂ那样，只从自身的角度出发看问题，固执己见，强人所难，我们的生活将不得安宁。和不同性格的人求同存异，和睦共处，其实是一种处世艺术。

江山易改，本性难移

俗话说：江山易改，本性难移。这里的"本性"是就人的性格而言的。人格是一个心理学术语，类似于我们平常说的个性，是指一个人与社会环境相互作用表现出的一种独特的行为模式、思维模式和情绪反应的特征，也是一个人区别于他人的特征之一。因此人格就表现在思维能力、认识能力、行为能力、情绪反应、人际关系、态度、信仰、道德价值观念等方面。人格的形成与生物遗传因素有关，但是人格是在一定的社会文化背景下产生的，所以也是社会文化的产物。

从心理学角度讲，人格包括两部分，即性格与气质。性格是人稳定个性的心理特征，表现在人对现实的态度和相应的行为方式上。从好的方面讲，人对现实的态度包括热爱生活、对荣誉的追求、对友谊和爱情的忠诚、对他人的礼让关怀和帮助、对邪恶的仇恨等；人对现实的行为方式，比如举止端庄、态度温和、情感豪放、谈吐幽默等。人们对现实的态度和行为模式的结合就构成了一个人区别于他人的独特的性格。在性格这个问题上，恩格斯曾说，人的性格不仅表现在做什么，而且表现在怎么做。做什么说明一个人在追求什么、拒绝什么，反映了人对现实的态度。怎么做说明人是怎么追求的，反映了人对现实的行为方式。性格从本质上表现了人的特征，而气质就好像是给人格打上了一种色彩、一个标记。气质是指人的心理活动和行为模式方面的特点，赋予性格光泽。同样是热爱劳动的人，气质不同的人表现就不同：有的人表现为动作迅速，但粗糙一些，这可能是胆汁质的人；有的人很细致，但动作缓慢，可能是黏液质的人。气质和性格就这样构成了人格。

人格很复杂，它是由身心的多方面特征综合组成。人格就像一个多面的立方体，每一方面均为人格的一部分，但又不各自独立。人格还具有持久性。人格特质的构成是一个相互联系的、稳定的有机系统。张三无论何时何地都表现出他是张三；李四无论何时何地也都表现出他是李四。一个人不可能今天是张三，明天又变成李四。

从前，有一个地方住着一只蝎子和一只青蛙。一天，蝎子想过一条大河塘，但不会游泳，于是它就央求青蛙道："亲爱的青蛙先生，你能载我过河吗？"

"当然可以。"青蛙回答道，"但是，我怕你会在途中蜇我，所以，我拒绝载你过河。"

"不会的。"蝎子说，"我为什么要蜇你呢，蜇你对我没有任何好处，你死了我也会被淹死。"

虽然青蛙知道蝎子有蜇人的习惯，但又觉得它的话有道理，它想，也许这一次它不会蜇我。于是，青蛙答应载蝎子过河。青蛙将蝎子驮到背上，开始横渡大河。就在青蛙游到大河中央的时候，蝎子实在忍不住了，突然弯起尾巴蜇了青蛙一下。青蛙开始往下沉，它大声质问蝎子："你为什么要蜇我呢？蜇我对你没有任何好处，我死了你也会沉到河底。"

"我知道，"蝎子一面下沉一面说，"但我是蝎子，蜇人是我的天性，所以我必须蜇你。"说完，蝎子沉到了河底。

人格具有稳定性。在行为中偶然发生的、一时性的心理特征，不能称为人格。例如，一位性格内向的大学生，在各种不同的场合都会表现出沉默寡言的特点，这种特点从入学到毕业不会有很大的变化。这就是人格的稳定性。

人格的稳定性表现为两个方面：一是人格的跨时间的持续性。在人生的不同时期，人格持续性首先表现为"自我"的持久性。每个人的自我，即这一个的"我"，在世界上不会存在于其他地方，也不会变成其他东西。昨天的我是今天的我，也是明天的我。一个人可以失去一部分肉体，改变自己的职业，变穷或变富，幸福或不幸，但是他仍然认为自己是同一个人。这就是自我的持续性。持续的自我是人格稳定性的一个重要方面。二是人格的跨情境的一致性。所谓人格特征是指一个人经常表现出来的稳定的心理和行为特征，那些暂时的、偶尔表现出来的行为则不属于人格特征。例如，一个外倾的学生不仅在学校里善于交往，喜欢结识朋友，在校外活动中也喜欢交际，喜欢聚会，虽然他偶尔也会表现出安静，与他人保持一定距离。

人格的稳定性源于孕育期，它经历出生、婴儿、童年、青少年、成人以至老年。随着年龄的增长，儿童时代的人格特征变得愈益巩固。一般而言，人在 20 岁时人格的"模子"就开始定型，到了 30 岁时便十分稳定。由于人格的持续性，因而我们可以从一个人在儿童时期的人格特征来推测其成人时的人格特征以及将来的适应情况。同样也可以从成人的人格表现中来推论其早年的人格特征。

人格的稳定性并不排除其发展和变化，人格的稳定性并不意味着人格是一成不变的。人格变化有两种情况：第一，人格特征随着年龄增长，其表现方式也有所不同。同是焦虑特质，在少年时代表现为对即将参加的考试或即将考入的新学校心神不定，忧心忡忡；在成年时表现为对即将从事的一项新工作忧虑烦恼，缺乏信心；在老年时则表现为对死亡的极度恐惧。也就是说，人格特性以不同行为方式表现出来的内在秉性的持续性是有其年龄特点的。第二，对个人有重大影响的环境因素和机体因素，例如移民异地、严重疾病等，都有可能造成人格的某些特征，如自我观念、价值观、信仰等的改变。不过要注意，人格改变与行为改变是有区别的。行为改变往往是表面的变化，是由不同情境引起的，不一定都是人格改变的表现。人格的改变则是比行为更深层的内在特质的改变。一个人如果想改造另一个人，应该明白，这种改变是有限的，因为一个人的人格具有稳定性，正所谓"江山易改，本性难移"。

厚脸皮的由来

我们经常说"××脸皮真厚"，但是你知道他为什么会厚脸皮吗？

张老师脾气不好，总爱批评学生。他几乎每个课间都把班里调皮的学生叫到办公室大声训斥。久而久之，这些孩子逐渐麻木了，也不像开始时那么怕他，有的还与他顶撞。而刘老师平时很少批评学生，学生反而对他显示出敬畏。有一次，他偶尔批评一个学生，虽然语气不重、声音不大，被批评的学生竟羞愧地哭了。

为什么张老师班上的学生会对批评满不在乎呢？我们也许会说是因为他们厚脸皮，但也许我们不知道，世界上其实没有天生厚脸皮的人。所谓"厚脸皮"的人，都是由于后天得不到别人的尊重，久而久之，羞耻感逐渐降低而形成的。

心理学告诉我们，每个人天生都是有自尊和羞耻感的。即便是婴儿，从6个月大的时候，就能识别"好脸""坏脸"。大人逗他笑，给他好脸，他会笑；大人横眉竖眼，大声吆喝，他马上会哭。

可见人都有自尊，我们只有注意孩子的自尊，他才会有羞耻感，"脸皮儿才薄"。脸皮就像手心的肉，如果经常磨它，它就容易形成茧子，以后再磨、再磨，感觉就不敏锐了。

但是，在现实生活中却很少有人注意到这一点。无论是当父母的，还是当教师的，经常无视孩子的自尊，动辄当众辱骂、训斥，日久天长，孩子就会视辱骂、训斥为"家常便饭"，不再脸红，不再害羞，也就是变成了"脸皮厚"的人。那时候，不仅孩子的心灵受伤，你想再影响他，也不像先前那么容易了。这是多么可悲的结局啊！

在学校里，我们会发现，经常挨批评的孩子反而经常犯错，甚至屡教不改；而那些极少受批评的学生，受到了一次批评，就会难为情、内疚好几天，从而不再犯类似错误。

这个对老师适用的道理对父母也同样适用。

父母都知道，要孩子们反省是很困难的，他们通常这样指责孩子："你是怎么搞的？我已说过了多少次。"这时孩子如有反抗行为，父母又会说："你这是什么态度？"然后进行没完没了的说教。这些批评的方式很容易让孩子厌烦，从而变得越来越麻木。这对孩子的改过和成长是很不利的。

不论是父母、老师对孩子，还是职场中上司对下属，都要了解厚脸皮的由来，对对方以鼓励和夸奖为主，以批评为辅，同时要注意批评的火候和方法。

人和人之间的互相指责也要注意这一点。有的夫妻，刚结婚的时候相敬如宾。但是过起日子来，锅碗瓢盆、柴米油盐的琐事使他们经常发生矛盾，动辄为一点儿小事吵架，甚至后来升级为大吵大闹。一开始，两人还觉得怎么能这样不文明，但是矛盾却没有办法通过文明的方式得到解决。这样久而久之，吵架吵得多了，已经不觉得什么文明不文明了。男人说，这个女人太不讲理。女人说，是他把我变成了泼妇。

其实，导致这样的恶性循环，就是因为两人缺少足够的耐心和理解别人的心胸，以及没有去努力发现交流的艺术。最后两人潜意识里都觉得破罐破摔，反正自己就是粗鲁的人，我粗鲁我怕谁？

生活中，我们要避免让自己成为厚脸皮的根源，要尊重身边的每一个人，因为只有尊重对方，他才会有羞耻感，才不会变成厚脸皮。

尊重的需要

汉高祖刘邦得到天下后，有一次与群臣讨论他打败项羽，取得天下的原因。他说："论在后方出谋划策、决胜千里之外，我不如张良；镇国安邦，治理百姓，筹办粮饷，我不如萧何；带兵百万，战无不胜，攻无不克，我不如韩信。这三个人都是杰出的人才，我能够用他们。而项羽有个谋士范增，却不能用，所以我能打败他并取得天下。"

刘邦之所以成功，是因为他了解人、尊重人，使下属的才能充分发挥出来。而项羽呢，尽管"力拔山兮气盖世"，却唯我独尊，不懂得承认和尊重别人，才会导致最后的失败。

心理学认为，尊重是每一个人的心理需要。不管先天条件如何，财富有多少，地位是高是低，任何人都需要来自别人的尊重。

美国心理学家曾主持过一个实验，证明了尊重对人产生的巨大影响。

为了调查研究各种工作条件对生产率的影响，美国西方电器公司霍桑工厂一个大车间的 6 名女工被选为实验的被试者。实验持续了一年多。这些女工的工作是装配电话机中的继电器。

首先让她们在一个一般的车间里工作两星期，测出她们的正常生产率。

然后把她们安排到一个特殊的测量室工作五星期，这里除了可以测量每个女工的生产情况外，其他条件都与一般车间相同，即工作条件没有变化。

接着进入第三个时期，改变了对女工们支付工资的方法。以前女工的薪水依赖于整个车间工人的生产量，现在只依赖于她们 6 个人的生产量。

第四个时期，在工作中安排女工上午、下午各一次 5 分钟的工间休息。

第五个时期，把工间休息延长为 10 分钟。

第六个时期，建立了 6 个 5 分钟休息时间制度。

第七个时期，公司为女工提供一顿简单的午餐。

在随后的三个时期每天让女工提前半小时下班。

第十一个时期，建立了每周工作 5 天的制度。

最后一个时期，原来的一切工作条件又全恢复了，重新回到第一个时期。

老板是想通过这一实验来寻找一种提高工人们生产率的生产方式。的确，工作效率会受到工作条件的影响，然而，出乎意料的是不管条件怎么改变，如增加或减少工间休息，延长或缩短工作日，每一个实验时期的生产率都比前一个时期要高，女工们的工作越来越努力，效率越来越高，根本就没关注过生产条件的变化。

这是为什么呢？之所以会这样，一个重要的原因就是女工们感到自己是特殊人物，受到了尊重，引起了人们极大的注意，因而感到愉快，便遵照老板想要她们做的那样去做。正是因为受到了重视和尊重，所以，她们工作越来越努力，每一次的改变都刺激着她们去提高生产效率。

是的，每个人都需要尊重。尊重的需要是人的一种高级需要。人与人有差异，人与人在财富、地位、学识、能力、肤色、性别等许多方面各有不同，但在人格上是平等的。维护自己的自尊是人类心中最强烈的愿望，因此，满足尊重的需要对人来说十分重要。很多时候，人们为了获得尊重，会通过追求流行、讲究时髦、用高档商品、买名牌服装等手段来体现自己的价值。

马斯洛说："尊重需要的满足，能够使人对自己充满信心，对社会满腔热情，体会到生活在世界上的用处和价值。"而尊重的需要一旦受到挫折，就会使人产生自卑感、软弱感、无能感，会使人失去生活的基本信心。

感觉的适应

朱元璋在当了明代的开国皇帝后，每天山珍海味、美酒佳肴，让他感到很腻味。有一次他回想起当年他当和尚时，云游病倒在破庙，肚饥口干，一位讨饭婆子给他喝了一种珍珠翡翠白玉汤，鲜美无比。

现在他多想再尝尝那个味道啊！

于是，皇后马娘娘传旨找来当年做汤的讨饭婆子，照当年的样子用剩饭、剩菜、黑锅巴、白菜帮煮了一碗汤。朱元璋一看，竟是残羹剩饭，正要发作，但认出的确是当年的讨饭婆子，觉得毕竟是按自己的命令做的，怎能发火？就舀了一匙倒进嘴里，咸、酸、苦、辣、焦、糊、馊、臭样样味道都有，就是没有香和鲜。但为了顾全面子，他只得强忍着喝了下去，然后，佯装笑脸说："真是珍珠翡翠白玉汤，好喝！好喝！"

朱元璋当年沦落他乡，饥渴交加，一碗残羹剩饭对他来说也是美味，以致终生不忘；当了皇帝以后，天天吃山珍海味，味觉已经逐渐适应，所以觉着乏味。这种现象是典型的心理学上的感觉的适应。在同一刺激物对感觉器官的持续作用下，感官的感受性会发生变化。任何感觉都会有适应性变化，味觉的适应现象也很明显。皇帝吃山珍海味不觉得香，同老病号不觉得药汤子苦，小孩子不觉得糖甜一样，是一种味觉适应现象。古人说："入芝兰之室，久而不闻其香；入鲍鱼之肆，久而不闻其臭。"则是嗅觉的适应。

生活中，你可能会有这样的感受，你去别人家中，你可能觉得他家有一种特殊的气味，于是，你问主人：你们家怎么有一股××味？主人可能会有些惊讶，因为他并没有注意到家里有一股××味，这是由于他在自己家里待久了，对其中的味道已经习惯了，所以就闻不出来了。这也是嗅觉的适应。

人们对各种感觉的适应速度和程度是不一样的。视觉的适应可分为对暗适应和对光适应。从明亮的阳光下进入已灭灯的电影院时，开始什么也看不清楚，隔了一段时间，我们就不是眼前一片漆黑，而是能分辨出物体的轮廓来了。这种现象叫对暗适应。对暗适应是环境刺激由强向弱过渡时，由于一系列相同的弱光刺激，导致对后续的弱光刺激感受性的不断提高：开始的 5 ~ 7 分钟，感受性提高得很快，经过 1 小时后，相对感受性可提高 20 万倍。

当从黑暗的电影院走到外面的阳光下，开初会感到耀眼发眩，什么都看不清楚，但是过了几秒钟，就能看清楚周围的事物了。这种现象叫对光适应。对光适应是环境刺激由弱向强过渡时，由于一系列的强光刺激，导致对后续的强光刺激感受性的迅速降低。

与视觉的适应比较，听觉的适应就不很明显。除非用较强的连续的声音才会引起听觉适应，像工厂高音调的机器声，持续作用于人，就会引起听觉感受性降低的适应现象，甚至出现听觉感受性的明显的丧失。

触压觉的适应则很明显。我们安静地坐着时，几乎感觉不到衣服的接触和压力。经常看到有些老年人把眼镜移到自己的额头上却到处寻找他的眼镜。实验证明，只要经过 3 秒钟左右，触压觉的感受性就下降到约为原始值的 25%。

温度觉的适应也很明显。例如，当我们游泳的时候，刚下水时觉得水很冷，经过三四分钟后，就不再觉得水冷了。相反，我们在热水中洗澡的时候，开初觉得水很热，但经过三四分钟后，就觉得澡盆中的水不那么热了。但是，人们对于特别冷或特别热的刺激比较敏感，一般不会形成感觉适应。

痛觉的适应是很难发生的，即使有，也非常微弱。只要注意一集中到痛处，你马上就会感到疼痛。正因为痛觉很难适应，它才成为伤害性刺激的信号并具有生物学的意义。

而嗅觉的适应速度，以刺激的性质为转移。一般的气味经过 1～2 分钟即可适应，强烈的气味则要经过 10 多分钟，特别强烈的气味（带有痛刺激的气味），令人厌恶，难以适应甚至完全不能适应。嗅觉的适应带有选择性，即对某种气味适应后，并不影响对其他气味的感受性。

味觉的适应一般表现为味觉感受性的降低，完全的味觉适应则表现为味觉的消失。味觉的适应速度与物质的浓度成正比，浓度越低适应越快。味觉有交叉适应现象，即对一种物质的适应会影响对其他类物质的适应。一般说来，味觉适应比较明显，但不同物质的适应时间和恢复速度是不同的。如对蔗糖的适应和恢复较慢，对食盐的适应和恢复较快。

适应能力是有机体在长期的进化过程中形成的。它对于我们感知外界事物、调节自己的行为，具有积极的意义。在夜晚的星光下和白天的阳光下，亮度相差达百万倍，如果没有适应能力，人就不能在不断变化的环境中精细地感知外界事物，正确地调节自己的行动。研究适应现象对生产实践也有重要意义。比如，在交通运输业中，夜晚驾驶室的照明与外界亮度的差异的处理，就应考虑视觉的适应问题。还有，如果教室采光条件差，学生进入教室后就要用较长的时间适应暗光，这样既有损学生的视力，也会影响教学效果。所以，我们必须掌握适应的规律，以便于更好地为社会实践服务。

人际关系与影响力

物以类聚，人以群分

古时候钟子期和俞伯牙的友谊非常有名。俞伯牙有出神入化的琴技，而只有钟子期才能听出他琴技的高妙，于是钟子期和俞伯牙成了最知心的朋友。后来钟子期病死，俞伯牙非常伤心，在钟子期的坟前将琴砸得粉碎，终生不再弹琴，因为已经没有人能够听懂了，何况这还会勾起他对钟子期的怀念和伤感。

钟子期、俞伯牙之所以有超乎寻常的友情，就是因为他们有个相似的特点——对音乐的高超的鉴赏力。因为无人能取代钟子期，所以他在俞伯牙心中的地位是独一无二的。

有个成语叫"臭味相投"，还有个俗语叫"物以类聚，人以群分"，说的都是人们对和自己相似的人容易看着顺眼，容易成为朋友。相反，如果志趣不投，人和人就不容易成为朋友，即使本来是朋友，一旦发现志趣各异，也会变成陌路。

管宁与华歆原是非常要好的朋友，经常在一起吃，一起住，一起读书。但随着时间的推移，管宁发现自己与华歆在志趣、性情方面有很大的差异，最后不得不忍痛与华歆割席断交。

所谓"道不同者不相为谋"，志向不同，就像是在两条不同轨道上运行的行星，怎么也走不到一块儿去。所以也没有必要在一起了。

有人曾做过这样一个实验：要求一些年轻人回忆他们结交的一位最亲密的朋友，并请列举这位朋友与他们自己的相似之处与不同之处。出人意料的是，大多数人列举的尽是他的朋友与他的相似之处，比如

"我们性格内向、诚实，都喜欢欣赏古典音乐""我们都很开朗、好交际、还常常在一起搞体育活动"等。

在日常生活中我们也经常可以看到，人生观、宗教信仰、对社会时事看法比较一致的人，更容易谈得来，感情更融洽。人的相似性包括很多方面，如态度、信念、兴趣、爱好和价值观等。同年龄、同性别、同学历和相同经历的人容易相处；行为动机、立场观点、处世态度、追求目标一致的人更容易相互扶持……

有科学家曾人为地将某大学的学生集体宿舍进行了安排，他们先以测验和问卷的形式了解了部分学生的性情、态度、信念、兴趣、爱好和价值观等，然后把这些学生分为志趣相似和相异的，然后把志趣相似的学生安排在同一房间住读，再把志趣相异的也安排在同一房间住读，然后就不再干扰他们的生活和学习。过了一段时间再对这些学生进行调查，发现志趣相似的同屋人一般都成了朋友，而那些志趣相异的则未能成为朋友。可见，人们都强烈地倾向喜欢那些和自己相似的人，而且社会一般也认为这是对的。这也许是因为共同的态度与价值观不仅容易获得对方的支持与共鸣，同时也容易预测对方的情感与反应倾向。因此在相互作用过程中，彼此容易适应而建立起积极的人际关系，正所谓"物以类聚，人以群分"。

那么，人为什么会喜欢与自己有相似性情、类似经历的人交往呢？

首先，人们与和自己持有相似观点的人交往时，能够得到对方的肯定，增加"自我正确"的安心感。他们之间发生冲突的机会较少，容易获得对方的支持，很少会受到伤害，比较容易获得安全感。

比如，有两个素不相识的人因喝醉了酒，同在一辆公交车中睡着了。他们一直坐到郊外的终点站。当时已经很晚了，末班车也早开走了，于是这两个人之间同病相怜，产生了友情，一起寻找出租汽车，车费两人对半负担。一路上他们愉快地聊着，很快到了各自的目的地，然后他们互相道别。后来他们成了很要好的朋友。这两个人也许不被别人理解，可是他们之间却同病相怜，惺惺相惜，或者说臭味相投。

其次，有相似性情的人容易组成一个群体。人们试图通过建立相似性的群体，以增强对外界反应的能力，保证反应的正确性。人在一个与自己相似的团体中活动，阻力会比较小，活动更容易进行。

男女搭配，干活不累

吴霖是一家广告公司的设计师，自从他上班以来，他所在的办公室就只有清一色的男士。吴霖是一位非常勤劳的人，他喜欢不断地工作，不断地产生新的设计思想。然而，最近这两年以来，他发现自己在办公室待得太久之后，经常会莫名其妙地产生一种无聊感、空虚感，而且白天很容易疲劳，创作与设计方面的灵感也似乎逐渐枯竭了。然而，一个月之前吴霖所在的公司为吴霖的设计室聘来一位年轻貌美的美术学院毕业的女大学生，吴霖发现，只要有这位女大学生在办公室，他工作起来就特别有劲儿，设计东西也特别有灵感，而且他还会莫名其妙地产生一种欣喜感和兴奋感。

吴霖在女大学生来了之后所产生的这种心理效应正是我们平时所说的"男女搭配，干活不累"效应。像吴霖一样，其实我们每个人可能都会有这样的亲身体验，我们和异性在一起工作总是会感到轻松愉快，不知疲倦。但这并不能说明我们是好色之徒，这其中包含着科学和心理学的原理。

心理学家发现，"男女搭配，干活不累"的心理效应在男性身上表现得往往会更为明显一些。这主要是因为男性比女性更喜欢通过视觉获得有关异性的信息，如异性的容貌、发型、肤色、身段等外部特征都易引起他们的极大兴趣，并会对他们的感觉器官产生某种程度的冲击作用，使他们感到愉悦不已。

另外，心理学家还发现，男性在女性面前的表演欲望要比女性在男性面前的表演欲望强烈得多，而表演欲望和表演行为本身会刺激人体产生更多的神经传导物质多巴胺。多巴胺是一种能引起人兴奋和能够增强人的动机的神经传导物质，人体内多巴胺水平的正常增高会使人感到活力无限和兴奋不已。同样的道理，女性在男性面前也会有这种表演欲，只是没有男性在她们面前的表演欲强烈而已。女性的这种表演欲也能在她们体内引起多巴胺水平的变化，从而使她们的兴奋度提高，工作的活力增强。

除了以上两个方面的原因以外，还有一个原因是不能忽视的，那就是男女在性格等诸多方面具有互补性，男女在一起工作会更充分地表现出这种互补性。假如女人和女人在一起工作或男人和男人在一起工作，就不能体现这种性格方面的互补性，工作的效率也肯定会受到一定影响。

科学家还发现，人体向外释放的外激素非常容易被周围的异性接收到，并对他们的行为产生影响。除了心理和精神方面的因素以外，研究人员还提出了另外一种解释"男女搭配，干活不累"的理由。20世纪70年代后期，科学家对外激素的研究兴趣日益增强，并发现了外激素活动对人及动物行为的影响规律。外激素是通过分布在人或动物皮肤或外部器官上的腺体向外释放的激素。这种激素一般都有明显的气味，而这种气味又非常容易被周围的异性接收到，并对他们的行为产生影响。

"男女搭配，干活不累"可归结为"同性相斥，异性相吸"的"异性定律"。在宇航员、野外考察人员或男性工种较单一的职业中，时间长了，其工作人员会产生一种莫名其妙的头晕、恶心和浑身不适感。这种状况用药物治疗往往无效，但在与异性接触后，就会很快得到缓解。原来，这种"病症"是性比例严重失调，异性气体极度匮乏的结果。所以，目前一些国家在派往南极的考察队员中，往往有意识地安排一些女性介入，是有其良苦用心的。

在一个群体中，有男有女，和单独一种性别的群体，有一些微妙的差别。无论男性或女性，长时间从事某一单调工作时，会感到寂寞、疲劳来得快、工作效率低下等。而增添了异性后，这种情况马上会得到缓解，时间也感觉过得很快，工作也感到轻松多了，而且效率特别高。

在社会生活中，如果一些企业、单位能对异性定律进行合理的利用，可以让许多事情达到事半功倍的效果。异性掺杂在一起，往往有以下好处：

1.取长补短，完善个性

男人一般性格开朗、勇敢刚强、果断机智，不拘泥于细节，不计较得失，行为主动。而女人往往文静怯懦、优柔寡断、感情细腻丰富、举止文雅、灵活、委婉，性格比较被动。男女在一起，能够进行优势互补，同时容易发现自己的缺点，并完善自己。

2. 增强推动力和约束力

人总是想在异性面前表现自己最好的形象，因为得到异性青睐是我们的巨大动力。这样男女在一起，就容易激发出各自最好的表现，各显其能，发挥出最大的能力，同时有一种内在的心理约束力，来规范自己的言行。

3. 增强凝聚力

男女搭配，可以使一个群体的成员增强感情依托，增进友谊、荣誉感和凝聚力，从而提高工作效率。

不过"异性定律"也不能滥用。女性外表漂亮，讨人喜欢，如果再加上交往得当，在异性面前办事容易，这是正常的；但是，如果为达到某一目的，用色相去引诱别人，就不道德了。男性对异性，尤其是年轻漂亮的异性热情些、客气些也无可非议，但把异性当作刺激，想入非非，让人感到"色迷迷"的，就超过限度了。因此，我们在与异性交往的时候要掌握好一定的"度"，在这个"度"之内，异性定律会给我们带来诸多好处，而一旦超过了这个"度"，就得不偿失了。

首因效应 VS 近因效应

有这样一个例子：面试结束后，主考官告诉考生可以走了，可当考生要离开考场时，主考官又叫住他，对他说，你已经回答了我们所提出的问题，但我们觉得不怎么样，你对此怎么看？其实，考官作出这么一种设置，是对考生的最后一考，想借此考察一下应聘者的心理素质和临场应变能力。如果这一道题回答得精彩，大可弥补此前面试中的缺憾；如果回答得不好，可能会由于这最后的关键性试题而使应聘者前功尽弃。

在有些情况下，第一印象让人记忆深刻；而另一些情况下，最近的印象容易成为判断的主要依据。这就是"首因效应"与"近因效应"。

"首因效应"是指与他人接触时，最先被反映的信息对形成印象有主要作用。"近因效应"是指与他人接触时，在时间与空间上距知觉较近的信息，给人较深刻的印象。同"首因效应"相反，"近因效应"使人们更看重新近信息，并以此为依据对问题作出判断，忽略了以往信息的参考价值，从而不能全面、客观、历史、公正地看待问题。

那么当首因和近因相矛盾时，是哪一个效应更胜一筹呢？

心理学家对此进行过专门的研究，结果表明，当两种矛盾的信息连续出现时，"首因效应"突出，而当两种信息间断出现时，"近因效应"更为明显；在与陌生人交往时，"首因效应"影响较大，而在与熟人交往时，"近因效应"则有较大影响。而且，认知结构简单的人更容易出现"近因效应"，认知结构复杂的人更容易出现"首因效应"。例如，某人本来工作挺积极，表现很好，而最近工作出了差错，由于近因效应的作用，有些人容易只看到眼前的表现，而对他作出表现差的评价。再如，一个平时表现一般的人，突然做了一件好事，有些人往往会对其刮目相看，并肯定他以往的一贯表现。

在人际交往过程中，近因效应对人的评价起着重要作用。

弥子瑕是卫国的美男子，是卫灵公的近臣，很讨卫灵公的喜欢。有一次，弥子瑕的母亲生了重病，捎信的人在当天晚上把消息告诉了他。弥子瑕顿时心急如焚，可是京城离家太远，怎么能尽快赶回去呢？弥子瑕不顾个人安危，假传君令让车夫驾着卫灵公的马车送他回家。但是，卫国的法令明文规定，私驾君王马车的人要判断足之刑。卫灵公知道了这件事，不但没有责罚弥子瑕，反而称赞道："你真是一个孝子啊！为了替母亲求医治病，竟然连断足之刑也无所畏惧了。"

有一次，弥子瑕陪卫灵公到果园游览。当时正值蜜桃成熟的季节，满园的桃树上结满了让人垂涎欲滴的蜜桃。弥子瑕伸手摘了一个又大又红的蜜桃，咬了一口，觉得非常好吃，就把剩下的递给身边的卫灵公，对他说："这个桃子很好吃，你也尝一尝！"卫灵公毫不在意这是吃剩的桃子，高兴地说："你把可口的蜜桃让给我，表明你爱我呀！"

但是弥子瑕年纪大了以后，容颜衰老了，卫灵公也因此丧失了对他的宠爱。这时，弥子瑕得罪了卫灵公，卫灵公不仅没有像过去那样迁就他，反而降罪于他，还对别人说："这家伙过去曾假传君令，擅自动用我的车子，还把吃剩的桃子给我吃，这不是看不起我吗？至今他仍不改旧习，还在做冒犯我的事，真是太可恶了！"

卫灵公在弥子瑕年轻时宠爱他，迁就他；当弥子瑕年老色衰时，则忘了他过去的好处，只以眼前的事情作为判断和对待他的依据，这是典型的"近因效应"的例子。

我们在与人交往时，要避免"首因效应"和"近因效应"的偏激之处，不要犯"一叶障目，不见泰山"的错误。在与人交往时，应该全面了解他人的情况，避免以片面的印象取舍、下结论，所谓"路遥知马力，日久见人心"，判断一个人应该注意从长期来考察。而我们自己在别人面前的表现则要注意始终如一，不能凭着过去或者近期的表现而有所懈怠。

皮格马利翁效应

古希腊有一个著名的神话故事：有一位年轻的王子，名叫皮格马利翁。他有雕塑的爱好，而且雕得很好。有一天，他得到了一块洁白无瑕的象牙，就想用它雕刻一个他梦寐以求的美丽少女。于是，从这天开始，王子躲在房间里再也不出来，每天都认真地刻呀凿的。终于，功夫不负苦心人，这块象牙在王子的手里变成了一座美丽的少女雕像。这个雕像太成功了，美丽的少女栩栩如生：身材婀娜多姿，眼睛放出温柔动人的光彩。

王子对雕像爱不释手，每天都以怜爱的目光注视着"她"。他多么希望"她"有血有肉会说话啊！那样的话，就能跟他说话了。王子每天都在极度的渴望中痛苦地煎熬，为"她"只是一块象牙而暗自神伤。他觉得自己已经爱上这个雕像了。王子到了结婚的年龄，却迟迟不愿结婚，每天坐在雕像对面，关注着这位美丽的少女，呼喊着"她"，希望"她"有一天能变成真正的少女。最后，王子的诚心感动了天神。天神使这位象牙少女拥有了真正的生命，成为真正的公主，并与王子结为眷属。

这就是皮格马利翁效应的来历。虽然这只是一个神话传说，但它所说明的是期望对于人的行为的巨大力量。积极的期望可以促使人们向好的方向发展，而消极的期望则容易使人堕落，用很形象的话来说明，皮格马利翁效应便是："说你行，你就行；说你不行，你就不行。"要想使一个人向更好的方向发展，就应该不断向他传递积极的期望。

在现实生活中，我们经常能看到期望成真的奇迹。那么，这种神奇作用是如何发生的呢？心理学家经过研究认为，这是通过对对方的暗示作用实现的。暗示是指在无对抗条件下，用某种间接的方法对人们的心理和行为产生影响，从而使人们按照一定的方式去行动或接受一定的意见、思想。暗示的结果会使一个人发生改变，甚至是巨大的改变。

在日常管理过程中，如果管理者注重皮格马利翁效应，坚信自己的每一位下属都是人才，都是千里马，都有能力为公司作出积极的贡献，并在与员工的接触中，有意无意地向员工传达这种信息，管理者的这种做法将对下属员工的绩效产生积极的影响。管理者期望的力量对员工来说是有非常大的作用的。在这种效应的影响下，员工可能会给予管理者积极的反馈，按照领导的期望行事并最终获得成功。

此外，心理学家在对少年儿童犯罪的研究中也表明，许多孩子成为少年犯的原因之一，很大程度上是因为不良期望的影响。这些少年儿童因为在小时候偶尔犯过错误而被贴上了"不良少年"的标签，这种消极的期望心理一直在影响和引导着孩子们，他们也越来越相信自己就是"不良少年"，最终走向了犯罪的深渊。

消极的不良期望对人行为的影响不容置疑。所以，人们无论是在对他人，还是在对自己的期望中，都应多一些积极因素，少一些消极因素，这样事情才更容易向良好的方向发展。

著名的发明家爱迪生上小学仅三个月就被开除了，理由是"智力低下"。但爱迪生的母亲坚信自己的孩子不是傻瓜。她经常对爱迪生说："你肯定要比别人聪明，这一点我是坚信不疑的，所以你要坚持自己读书。"并亲自教育爱迪生。爱迪生得到了母亲的鼓励，经过不懈努力，成为伟大的发明家。因此在我们的家庭教育中，父母如果能灵活运用皮格马利翁效应，必将受益无穷。

情人眼里出西施

中国有句古话叫作"情人眼里出西施"，说的是为爱慕之情所迷，觉得对方女子无处不美。黄庭坚曾有诗云："草茅多奇士，蓬荜有秀色。西施逐人眼，称心最相得。"便是由这句古话化来的。情人在相恋的时候，很难找到对方的缺点，认为他（她）的一切都是好的，做的事都是对的，就连别人认为是缺点的地方，在对方看来也是无所谓的。这就是晕轮效应的表现。

晕轮效应又称光环效应，由美国心理学家凯利提出，它是指人们看问题时，像日晕一样，由一个中心点逐步向外扩散成越来越大的圆圈，是一种在突出特征这一晕轮或光环的影响下而产生的以点带面、以偏概全的社会心理效应。在人际交往中，人们常从对方所具有的某个特性而泛化到其他有关的一系列特性上，从局部信息形成一个完整的印象，即根据最少量的情况对别人作出全面的结论。它实际上是个人主观推断的泛化和扩张的结果。在光环效应状态下，一个人的优点或缺点一旦变为光圈被扩大，其缺点或优点也就隐退到光的背后，被别人视而不见了。这就使人们在判断别人时产生一种倾向：首先把人分成"好的"和"不好的"两部分，一切好的品性都加在被列为好的那部分人身上，一切不好的品性都加在被列为不好的那部分人头上。

那么，为什么会发生这种现象呢？

心理学家认为这是由于知觉者的情感引起的对人的一种主观倾向：由于我们在知觉他人时有一种情感效应，我们对他人的评价就容易出现偏差，这一偏差表现为当某人或某物被我们赋予了一个肯定的、令我们喜欢的特征之后，那么这个人就可能被我们赋予许多其他好的特征。

反之，如果某人或某物存在某些不良的特征，那么就会被认为他的所有的一切都是坏的。后者被称为"坏光环效应"，也被形象地叫作"扫帚星效应"。

例如，当我们提起一个战斗英雄时，心中就会浮现一个高大、健壮、英勇、刚毅的形象，我们会更多地从这些方面去观察他，而忽略一些其他特征，比如也许他的性情很温和。

同样，我们对于情人的知觉也是如此。如果我们觉得他（她）是美的，我们自然会发现许多动人之处，因而他（她）在我们心中变美了，因为他（她）的其他某些相反的信息已被忽视或否定掉了。

这种对某种对象的"定型"必然使我们在人际交往时产生局限，这种局限很难摆脱。曾有一次有趣的实验：在课堂上，老师向两批学生出示同一张照片，第一批学生被告知这是一名罪犯，因杀人而入狱；而另一批则被告知这是一个物理学家，曾得过诺贝尔物理学奖，然后要求学生根据其形象描述他可能具有的性格。结果第一批学生的评价都是贬义的，而第二批则几乎全是赞美的。一张相同的照片，却因为"罪犯"和"物理学家"在学生心中不同的"定型"而得到了截然相反的评价。

由于光环效应使人们仅仅根据人的某一突出特点去评价、认识和对待人，所以，它是一种把我们引入对人知觉误区的社会心理效应，也是一种人际认知偏差效应，其危害是一叶障目，不见泰山，容易影响对人评价的准确性和可信度，必须加以预防和纠正。

总之，对一个人或事物不要急于下判断，不要以偏概全，要做全面的了解，才能避免"光环效应"造成的偏差。

人不可貌相

俗话说：人不可貌相，海水不可斗量。但是在现实生活中，我们仍然免不了会以貌取人，虽然理智告诉我们这样做是片面的，但在对别人的判断上，仍会受到对方外貌的影响。

《三国演义》中有这么一则故事：庞统是一位旷世奇才，但他相貌极丑，且性格傲慢。他去拜见孙权，想要效力于东吴。孙权本来是个爱才的领袖，但是一看到庞统相貌丑陋，就不太喜欢他。又看他傲慢不羁，更加对他没有好感。最后，他竟把与诸葛亮齐名的旷世奇才庞统拒之门外，鲁肃苦劝也无济于事。

孙权以貌取人，显然是种偏见。可是连孙权这样的英雄人物尚且如此偏见，在生活中这样的例子就更不罕见了。

事实上，相貌对人心理的影响是很突出的。就连父母对待自己的孩子，也是更喜欢漂亮的孩子，而相貌丑陋的孩子则不容易讨父母的欢心，父母甚至会嫌弃他们。

成人世界里也是如此。相貌漂亮的人，尤其是年轻的女子，会在人际交往、婚姻等事情上更容易博得他人的青睐，激起他人的热心，获得帮助，在生活的各方面也更加顺利一些。而相貌丑的人则容易碰壁，从而心灰意冷，自卑心严重。

国外有过一项针对这个问题的研究。根据统计，得出这样的结论：长相好看的人比相貌平平的人挣钱更多，拥有的工作更让人羡慕，而相貌平平的人比相貌丑陋的人又会好一些。

虽然说相貌不能代表一切，但它确实是一项无形的资本。比如，一个单位雇用一个秘书，如果候选人其他条件相同，那么，长得漂亮的那个人一定会有更大的优势，尤其在经理是男性的情况下。毕竟人们更喜欢天天看到漂亮的脸蛋，用通俗的话来说——"养眼"。这就是为什么电视、电影里的明星，大多长相俊美，很简单，因为可以让人赏心悦目。

在爱情中，美貌更容易成为一项资本。有人曾做过一项调查，统计后发现，情侣一般在相貌上是般配的。当两个人不般配时，丑的一方通常要在其他方面有更好的条件来平衡。

实际上，如果我们理性一些，就会认识到，以貌取人的确有很大的局限性。因为人的长相和心灵是两回事。即使是看相的，也注重"眼相"，也就是更注重一个人的内在神韵，现在也许可以叫"气质"。其实，气质美要比容貌美更高一筹。内在的美才更耐看，也更能成为判断一个人的依据。

实际上，以貌取人更容易发生在认识的初期，就是不太熟悉的时候。有心理学家做过一个实验，将一群陌生人一连四天聚在一起，每次聚一个小时。

第一天，研究人员认为接受实验者对于他人的评判有 32% 来自外貌，20% 来自对内在的了解。实验者对他人的评价主要是来自对方的相貌。

第二天，情况改变了，评判中的 26% 来自客观的印象，而 33% 来自评价者的主观意识。

第三天，这一比率为 24 / 34。

第四天，也就是最后一天，则是 23 / 48。

这个实验说明，人们对他人容貌的重视，会随着彼此的熟悉程度而减弱。这就是为什么我们对熟悉的喜欢的人，会觉得越看越顺眼。

生活中，我们不能仅仅靠外貌来评价别人，毕竟"人不可貌相"，也许有人长得美若天仙，但却心如蛇蝎，有人长得丑陋，但是心地善良；有人有闭月羞花、沉鱼落雁之貌，却一无所长，有人奇丑无比，却是旷世奇才。因此，我们要用心去观察别人，给他们客观、公正的评价。

刻板印象

人们一旦对某个事物形成某种印象，就很难改变。曾经在某一网站看到这样一个笑话：如果你的前面是一位发怒的重庆女孩，后面是万丈深渊，那么，奉劝你还是往后跳吧！这个笑话不能说没有一点儿道理，重庆女孩的泼辣，可以说是"盛名远播"。因此，一提到重庆女孩，首先浮上脑海的就是"泼辣"二字，丝毫不顾其中是否有被冤枉的"例外"，这就是所谓"刻板印象"。

刻板印象指的是人们对某一类人或事物产生的比较固定、概括而笼统的看法，是我们在认识他人时经常出现的一种相当普遍的现象。我们经常听人说东北姑娘"宁可饿着，也要靓着"，实际上就是"刻板印象"。

刻板印象的形成，主要是由于我们在人际交往过程中，没有时间和精力去和某个群体中的每一成员都进行深入的交往，而只能与其中的一部分成员交往。因此，我们只能"由部分推知全部"，由我们所接触到的部分，去推知这个群体的"全部"。

刻板印象一经形成，就很难改变。

刻舟求剑的故事生动地点明了认知偏见的影响作用。《吕氏春秋·察今》里说，楚国有一个人坐船过江，船行至江中时他的剑掉进了江里，他立即在剑落水的船身上刻了一个记号，说："我的剑是从这儿掉下去的。"等船靠岸了，他就从做记号的地方下水去找剑，结果自然找不到。

上述这则故事听起来很荒诞可笑，但在现实中，我们稍不留意，便会作出与这个楚国人一模一样的刻舟求剑的行为。例如，在认知上海某一个人时便会按照上海人精明、聪明的类型及特征去判断他，在认知某一教师时便会按照教师知识渊博、为人师表等类型特征去判断他。这种现象日常生活中经常发生，而且是一种普遍的、历史的、跨文化的社会心理现象。对此，美国一些心理学家分别于 1932 年、1951 年和 1967 年对普林斯顿大学生进行了三次有关民族性的刻板印象调查。他们让学生选择五个他们认为某个民族最典型的性格特征。三次研究的结果大致相同，例如：美国人勤奋、聪明、实利主义、有雄心、进取；英国人爱好运动、聪明、因袭常规、传统、保守；犹太人精明、吝啬、勤奋、贪婪、聪明；黑人迷信、懒惰、逍遥自在、无知、爱好音乐；意大利人爱艺术、冲动、感情丰富、急性子、爱好音乐；德国人有科学头脑、勤奋、不易激动、聪明、有条理；日本人聪明、勤奋、进取、精明、狡猾；中国人迷信、狡猾、保守、爱传统、忠于家族关系等。雷兹兰（1950 年）、西森斯（1978 年）、休德费尔（1971 年）等的研究也充分证实了这种刻板效应对人知觉的严重曲解。

生活中，人们都会不自觉地把人按年龄、性别、外貌、衣着、言谈、职业等外部特征归为各种类型，并认为每一类型的人有共同特点。在交往观察中，凡对象属一类，便用这一类人的共同特点去理解他们。比如，人们一般认为工人豪爽、军人雷厉风行、商人较为精明，知识分子是戴着眼镜、面色苍白的"白面书生"形象，农民是粗手大脚、质朴安分的形象等。诸如此类看法都是类化的看法，都是人脑中形成的刻板、固定的印象。

刻板印象的产生，一是来自直接交往印象，二是通过别人介绍或传播媒介的宣传。刻板效应既有积极作用，也有消极作用。居住在同一个地区、从事同一种职业、属于同一个种族的人总会有一些共同的特征。刻板印象建立在对某类成员个性品质抽象概括认识的基础上，反映了这类成员的共性，有一定的合理性和可信度，所以它可以简化人们的认知过程，有助于对人迅速做出判断，帮助人们迅速有效地适应环境。但是，刻板印象毕竟只是一种概括而笼统的看法，并不能代替活生生的个体，因而"以偏概全"的错误在所难免。如果不明白这一点，在与人交往时，"唯刻板印象是瞻"，像"削足适履"的郑人，宁可相信作为"尺寸"的刻板印象，也不相信自己的切身经验，就会出现错误，导致人际交往的失败，自然也就无助于我们获得成功。因此，刻板印象容易使人认识僵化、保守，人们一旦形成不正确的刻板印象，用这种定型去衡量一切，就会造成认知上的偏差，如同戴上"有色眼镜"去看人。

在不同人的头脑中刻板效应的作用、特点是不相同的。文化水平高、思维方式好、有正确世界观的人，其刻板印象是不"刻板"的，是可以改变的。因此，我们要纠正刻板印象的消极作用，努力学习新知识，不断扩大视野，拓展思路，更新观念，养成良好的思维方式。

远亲不如近邻

俗话说：远亲不如近邻。此话不假。比如，人们大部分的朋友，不是同学同事，便是近邻。又如，人们总是能够比较方便地在同学同事或邻居中找意中人，而所谓"千里姻缘一线牵"总归是不太多的。美国社会学家巴萨德20世纪20年代研究了费城的5000份结婚申请书，发现1/3的夫妇，婚前住在五个街区之内的范围中。

《南史》中记载了一则"高价买邻"的故事：有个叫吕僧珍的人，生性诚恳老实，又是饱学之士，待人忠实厚道，从不跟人家要心眼儿。吕僧珍的家教极严，他对每一个晚辈都耐心教导、严格要求、注意监督，所以他家形成了优良的家风，家庭中的每一个成员都待人和气、品行端正。吕僧珍家的好名声远近闻名。

南康郡守季雅是个正直的人，他为官清正耿直，秉公执法，从来不愿屈服于达官贵人的威逼利诱，为此他得罪了很多人，一些大官僚都视他为眼中钉、肉中刺，总想除去这块心病。终于，季雅被革了职。

季雅被罢官以后，一家人都只好从壮观的大府第搬了出来。到哪里去住呢？季雅不愿随随便便找个地方住下，他颇费了一番心思，离开住所，四处打听，看哪里的住所最符合他的心愿。

很快，他就从别人口中得知，吕僧珍家是一个君子之家，家风极好，不禁大喜。季雅来到吕家附近，发现吕家子弟个个温文尔雅，知书达理，果然名不虚传。说来也巧，吕家隔壁的人家要搬到别的地方去，打算把房子卖掉。季雅赶快去找这家要卖房子的主人，愿意出110万两银子的高价买房，那家人很满意，二话不说就答应了。

于是季雅将家眷接来，就在这里住下了。

吕僧珍过来拜访这家新邻居。两人寒暄一番，谈了一会儿话，吕僧珍问季雅："先生买这幢宅院，花了多少钱呢？"季雅据实回答，吕僧珍很吃惊："据我所知，这处宅院已不算新了，也不很大，怎么价钱如此之高呢？"季雅笑了，回答说："我这钱里面，10万是用来买宅院的，100万是用来买您这位道德高尚、治家严谨的好邻居的啊！"

　　季雅宁肯出高得惊人的价钱，也要选一个好邻居，这是因为他知道好邻居会给他的家庭带来良好的影响。所谓"近墨者黑，近朱者赤"。

　　1950年，美国有三位社会心理学家对麻省理工学院17栋已婚学生的住宅楼进行了调查。这是些二层楼房，每层有5个单元住房。住户住到哪一个单元，纯属偶然，哪个单元的老住户搬走了，新住户就搬进去，因此具有随机性。调查时，所有住户的主人都被问道：在这个居住区中，和你经常打交道的最亲近的邻居是谁？统计结果表明，居住距离越近的人，交往次数越多，关系越亲密。在同一层楼中，和紧隔壁的邻居交往的概率是41%，和隔一户的邻居交往的概率是22%，和隔三户的邻居交往的概率只有10%。多隔几户，实际距离增加不了多少，但是亲密程度却有很大不同。

　　上述的实验和研究表明，在社会心理领域，存在着一种"邻里效应"。

　　理解"邻里效应"得以产生的原因，似乎并不太难。按照有关专家的解释，这无非是由于以下两方面的原因：

　　第一，因为人们普遍存在一种建立和谐的人际关系的期望，要努力和邻近者友好相处，所以会尽量避免让近邻感到不愉快。同时，人们看待对方，也倾向于多看积极的方面，忽视消极的方面，这样，各自便为"邻里效应"的产生创造了一个良好的前提。

第二，人们在互动过程中，总是不由自主地力图以最小的代价换取最大的报酬。和邻近者交往，比和距离远的人交往所付出的代价小。这主要是了解对方容易，只花相对小的工夫，就能获得关于对方的某些信息，容易预测对方的行为。能够预测对方的行为，就可以在和他交往时产生一种安全感，人们愿意和使他感到安全的人打交道。此外，和近邻者打交道时，往往付出较小的努力就能够达到目的，比如向近邻借东西，最起码可以少走几步路。

比如，一个小偷在车厢里扒走了一个乘客的钱包，近邻的乘客知道后，你一言我一语，议论纷纷，互相感染，群情激奋，最后一致行动起来，把那个小偷扭送到附近派出所。这说明，"社会感染"对处于邻近空间中的人群，更易起到一定的整合作用，人们相互之间靠感染达到情绪上的传递交流，使之逐渐一致起来，进而引起比较一致的行为。

从形式上看，社会感染有两种：情绪的感染和行为的感染。情绪感染是指情绪的传递交流。行为感染则是指动作从一个人传到另一个人。但无论是情绪感染还是行为感染，都具有这样一些特征：首先，这种感染总是在非强迫性、无压力感的条件下产生的。如果有人强迫"邻里"接受某种情绪或行动感染，比如："我笑啦，你为什么不笑？！""我这样做了，你为什么不这样做？！"那只会使"邻里"产生一种反感、讨厌或者惧怕的心情。其次，这种感染总是无意识的屈从。就是说，感染是在不知不觉之中发生的情感或行为的变化。任何一方如果宣布自己"我要感染他了"或"我要开始接受他的感染了"，使大脑进入有准备的意识之中，那就谈不上是真正的感染。

从社会感染的特征去看"邻里效应"，显而易见的是，在邻近的人群中发生的"邻里效应"也总是在非强迫性、无压力感的条件下产生，在不知不觉中发生的情感和行为变化。由此我们说，社会感染乃是"邻里效应"产生的一大社会心理机制。

但是，在邻近的人群中不一定能发生正常的"社会感染"，产生良好的"邻里效应"。对蕴藏于"邻里效应"背后的社会感染机制，我们应当采取分析态度，既要善于强化良性"邻里效应"，为自己与"邻里"双方扮演的社会角色服务，也要注意防止恶性"邻里效应"给自己和他人的影响。

因此，我们要注意身边的"邻里效应"对自己和家人带来的影响，要做到强化良性的"邻里"，防止恶性的"邻里"，在选择住所时，尽量要选好邻居，把好"邻里"这一道关卡。

社会与群体

随大流

一个叫福尔顿的物理学家，由于研究工作的需要，需测量出固体氦的热传导度。他运用了一种新的测量方法，测出的结果比按传统理论计算的结果高出 500 倍。福尔顿感到这个差距太大了，如果公布了它，肯定会被人视为故意标新立异、哗众取宠，所以他就没有声张。没过多久，美国的一位年轻科学家，在实验过程中也测出了固体氦的热传导度，测出的结果同福尔顿的完全一样。这位年轻科学家公布了自己的测量结果，很快这一结果在科技界引起了广泛关注。福尔顿听说后追悔莫及：如果当时我摘掉名为"习惯"的帽子，而戴上"创新"的帽子，那个年轻人就绝不可能抢走我的荣誉。

福尔顿的所谓"习惯"的帽子就是一种"从众心理"，即"随大流"。

从众心理是一种很普遍的社会心理和行为现象，用我们最通俗的解释就是"人云亦云"，或者是"随大流"。很多人在生活中有这样的心理：既然大家都这么认为，我就这么做了。

你是否遇到过这样的事情呢？4个人一起去吃午饭，你看着菜单，小声嘟囔着："今天吃什么呢？要不来一份炸酱面吧！"这时同伴中的一个人说："我要一份牛肉面。"接下来其他两个人也都附和说："我俩也吃牛肉面。"在这种情况下，你可能也会说："那我也和你们一样吧。"

这种"随大流"的现象，恐怕在每个人身上都发生过吧？

人们都知道"我行我素"这句成语，而在现实中，却很难做到这么"潇洒"。在现实中，人们往往不是自己喜欢怎样便怎样，在很多时候，甚至可以说在大多数时候，人们要看多数人是怎样做的，自己才怎样做。

有一所著名的高校曾经做过一份关于诚信的调查，逾半数的大学生认为自己诚信的丧失是随大流所致。现实生活中，当前大学生的诚信意识与诚信行为之间尚有距离，他们的实际行为和心中坚持的准则有所出入。比如，虽然知道替人签到、迟到旷课、作业论文抄袭等是不对的，但仍有不少同学承认自己曾做过类似的事情。一些学生认为，他们面对竞争激烈的社会，为了能在众多求职者中脱颖而出，不得不夸大简历、伪造获奖情况等。虽然大学生在他们的主观意向上觉得诚信很重要，应该以诚信待人处世，但社会现实迫使他们选择了不诚信。

还有，上级三令五申不允许公款吃喝，可是还有人总是找借口照吃不误。原因何在？就是从众心理作怪，"别人也在吃嘛，又不是我一个"。

这种现象，就是从众心理的一种表现。从学生们的自我分析中，我们可以很清晰地看到这种现象的源头是整个社会都是这样做的，其他的学生都是这样做的，自己如果不这样做，就吃亏。于是，大家就不约而同地都这样做了，随大流的现象也就产生了。

有心理学家做过一个心理实验：让五位大学生围坐着一张桌子，实验者请他们判断线段的长度。每次呈现一组卡片，每组包括两张，一张卡片上有一条垂直线段，称为标准线段；另一张卡片上有三条平行线段，其中一条与标准线段一样长，另外两条要么长了许多，要么短了许多，要求大学生们把那条与标准线段等长的线段找出来。按理说，每个人都可以轻易地作出正确无误的选择。

当第一组两张卡片呈现后，大学生们依次大声地回答了自己的判断，所有人意见一致，都作出了正确的选择。然后再呈现第二组，大家又都做了正确的一致回答。就在大学生们觉得实验单调而无意义时，第三组卡片呈现了，第一位大学生在认真地观察这些线段后，却作出了显然是错误的选择，接着第二、三、四位大学生也作出了同样错误的回答。轮到第五位大学生，他感到很为难，因为他的感官清楚地告诉他别人都是错的，但是别人都作出了错误的选择，他不知道自己该怎么办。最后，他小声地说出了与别人相同的错误选择。

其实，这个实验是事先就安排好的，前四名"大学生"其实都是实验者的助手，他们按照事先安排好的程序进行正确或错误的选择，而只有第五位大学生不知道这一情况，是真正的被试者。参加实验的真被试者是具有良好视力及敏锐思维能力的大学生，并且从表面上看，他们可以任意地作出想做的反应，而实质上，也明确要求他们作出他们自己认为是正确的反应。但是，来自群体的压力很大，当绝大多数人都作出同样的反应时，个人就有强烈的动机去赞同群体其他成员的意见，因此有35％的被试者拒绝了自己感官得来的选择，而作出了同大多数人一样的错误的选择。

这一实验说明，当个人的感觉与群体中的大多数人不一致时，个体为了使自己不被人认为"标新立异"，常常会放弃自己的看法而接受大多数人的判断。

为什么在理性和智力上都较完美的个人会抛弃来自他们自己感官的证据，而同意别人的意见呢？一般认为从众行为的原因来源于两种压力。一种压力为群体的规范的压力，任何与群体规范相违背的行为都会受到群体的排斥，个体由于惧怕受到惩罚，或者为了表明自己归属于群体的愿望，就会作出从众行为。另一种压力是群体的信息的压力。我们知道，他人常常是信息的重要来源，我们通过别人获得许多有关外部世界的信息，甚至许多有关我们自己的信息也是通过别人获得的。在一般情况下，那些我们认为能带给我们最正确信息的人，往往是我们仿效和相信的人。这种信息压力引起的从众行为无论在实验中还是在生活中都的确存在，人们倾向于相信多数，认为多数人是信息的正确来源而怀疑自己的判断，因为人们觉得多数人正确的情况比较多。在模棱两可的情况下，随大流的行为更容易发生，因为在这种情况下，人们很容易失去判断自己行为的自信心。

有时候，人们的从众心理会变得很可怕。2003 年 12 月 12 日，在《江南时报》上有这样的一个报道：48 岁的王先生遭遇车祸，肇事司机逃逸，受伤的王先生放在轻骑摩托车车厢内的 4.8 万元现款，因车子破损而全部散落在地。光天化日之下，50 多名过路群众将钱一抢而空后逃之夭夭。

这样的事情早就不是什么新闻了，因为类似的事件发生得太多了。而每一个哄抢者都有着同样的心理，那就是：大家都在抢，又不是我一个人在抢。在这个事件中，从众的心理就充当了帮凶的角色。

随大流其实是人类的一种思维定式。思维上的从众定式使得个人有一种归属感和安全感，能够消除孤单和恐惧等心理。许多时候，在明知一件事情是违法或犯罪的情况下，一个人可能不会去做，但是如果一群人中有人已经做了，并且在当时得益而没有产生处罚后果的时候，从众定式就会使人们产生非理性思维，法不责众的心理就会充斥于胸。这在犯罪心理学上叫"越轨的集群行为"，比较典型的如聚众哄抢财物、集体盗墓、球迷闹事等。一般说来，这种集体行为是相对自发的，主要是由于人们之间的互动、模仿、感染而形成的。

冷漠的旁观者

1964 年 3 月的一个晚上，在纽约市一个僻静地区，一名青年妇女正沿着大街走着。突然，一个男人从暗处冲出来攻击她，她挣扎着并大声呼救，经过一阵搏斗后，她受了重伤，但她还是设法从攻击者那里挣脱出来，一边大声呼救，一边沿大街奔跑。几分钟后她又被那个男人抓住，又是一阵挣扎，搏斗持续了半个小时，她不断地大声呼喊，直到最后被杀死。据事后调查，在出事地点附近的建筑物中至少有38人听到了她的喊叫声和搏斗声，他们中许多人走到窗前看发生了什么事，然而在这个过程中却没有一个人出去帮她，也没有人报警。

孔子说过："见义不为，无勇也。"见义勇为一直被我们当作美德，可是在今天的社会中，见义不为，冷漠旁观却成了经常发生的现象。对这种现象，社会上当然是一片道德谴责之声，却不能减少它发生的频率。

这种现象的频频发生引起了心理学家的关注，并做了大量的实验加以研究，结果发现"冷漠的旁观者"是减少个体的利他行为的重要原因。

其中一个实验是这样的，一个女人（实验者）在大街上行走，突然向一位不知情的路人大叫："救命！有人强暴！"而旁边另外安排的两位乔扮路人，对此呼救声不闻不问而依旧向前走去。这名被当作实验对象的不知情的路人在听到呼救声时，所做的反应不是立刻前去搭救，而是转头看旁边两个人有何动静，当他看到他们都漠然对待时，也就无动于衷了。这个实验表明，在紧急情况下，只要有他人在场，个体帮助别人的利他行为就会减少，而且旁观者越多，利他行为减少的程度越高。这种现象被称为"旁观者效应"。

心理学家认为旁观者效应的产生是由于"社会影响"及"责任分散"。社会影响是指一个人在不能获得确切情况以便作出干预紧急事件的决定时，他就去观察别人的行动，看看他们会作出什么反应。不幸的是，那些旁观者很可能也在观察别人的反应，于是很快就发展成一种"集体性的坐视不救"的局势。他人在场还可以导致一种责任分担，反正这个责任并不是单单由我承担的，周围还有那么多人，肯定会有人出手相助的。

心理学家认为，由于还有其他的旁观者，个体就把帮助受难者的责任推到了别人的身上。如果现场只有一个人时，他往往会觉得责无旁贷，会迅速地作出反应，帮助受难者。如果他见死不救会产生罪恶感、内疚感，这需要付出很大的心理代价。而如果有许多人在场的话，帮助求助者的责任就由大家分担，造成责任分散，每个人分担的责任很少，旁观者甚至可能连他自己的那一份责任也意识不到，就容易造成"集体冷漠"的局面。

心理学家的这个结论是通过一个心理实验得出的。在他们组织的一项实验中，有纽约大学心理学入门课的72名学生参加。讨论以2人组、3人组或者6人组的形式进行。这些学生被各自分配在隔开的工作间里，并通过对讲机通话，轮流按安排好的顺序讲话。这些不知情的参与者，被告知他是与其他一个人或者两个人或者五个人谈话。而事实上他听到的话都是录音机上播出来的。第一个说话的声音是一位男学生，他说出了适应纽约生活和学习的难处，并承认说，在压力的打击下，他经常出现半癫痫的发作状态。到第二轮该他讲话时，他开始变声，而且说话前后不连贯，他结结巴巴，呼吸急促，"老毛病又快要犯了"，开始憋气，并呼救，上气不接下气地说："我快死了……呃呦……救救我……啊呀……发作……"然后，在大喘一阵后，一点儿声音也没有了。

在以为只有自己和有癫痫病的那个人在谈话的参与者中，有85%的人冲出工作间去报告有人发病，甚至远在病人不出声之前就这样做；在那些认为还有4个人也听到这些发作的参与者中，只有31%的人这样做了。后来，当问到学生们：别人的在场是否影响到他们的反应？

他们都说没有，他们没有意识到这有什么影响。

由此，发生在大庭广众之下的惨案就有了一个令人信服的社会心理学解释。心理学家把这叫作"旁观者介入紧急事态的社会抑制"，也就是说：正是因为一个紧急情形有其他的目击者在场，才使得旁观者无动于衷。这种冷漠旁观的行为，更多的可能是由于旁观者对其他观察者的一种无意识反应，而不可能是由于一个人的"病态"性格缺陷。

当然，心理学家对此所做的解释其目的不是要给你一个冷漠旁观的理由，而是要人们认识自己。所以，当你遇到需要帮助的人时，请不要等待，也不要犹豫，赶快伸出你的援助之手吧！

迷信权威

一次，著名空军将领乌托尔·恩特要执行一次飞行任务，但他的副驾驶员却在飞机起飞前生病了，于是临时给他派了一名副驾驶员做替补。和这位传奇式的将军同飞，这名替补觉得非常荣幸。在起飞过程中，恩特哼起歌来，并把头一点一点地随着歌曲的节奏打拍子。这个副驾驶员以为恩特是要他把飞机升起来，虽然当时飞机还远远没有达到可以起飞的速度，他还是把操纵杆推了上去。结果飞机的腹部撞到了地上，螺旋桨的一个叶片割入了恩特的背部，导致他终生瘫痪。

事后有人问副驾驶员："既然你知道飞机还不能飞，为什么要把操纵杆推起来呢？"他的回答是："我以为将军要我这么做。"

航空工业界有一个现象叫"机长综合征"，就是在很多事故中，机长所犯的错误都十分明显，但飞行员们却没有针对这个错误采取任何行动，最终导致飞机坠毁。上面这个故事就是"机长综合征"的一个例子。

这个故事同时揭示了心理学上的一个规律，就是人们对权威的信任要远远超出对常人的信任。

每个人都对身边的人或者对社会有一定的影响力，但影响力的大小各有不同。一般来说，权威人物容易对其他人产生更大的影响。

假如你眼部不适，到医院就诊，如果其他条件相同，有一位眼科专家和一位刚从医学院毕业的年轻医生供你选择，你会选择哪个呢？相信你一定会选择专家。一篇医学论文是被推荐到联合国的某个组织去报告，还是刊登在普通杂志上，这种反映医学成就的信息，其影响肯定是不同的。这些都说明，权威对我们的影响力要超出常人。

"楚王好细腰，后宫多饿死"的典故更是说明了人们对权威的迷信。楚灵王喜欢细腰的女子，于是后宫妃嫔为了讨楚王的欢心和宠信，纷纷减肥瘦身，有人甚至因过度节食而丧命。这个历史故事说明了"权威效应"的副作用，有人因一味地迷信权威、最终丧失了自我，甚至搭上了性命。

如今，崇尚权威，迷信权威人物成了社会大众的一个普遍特征。社会中大多数处于中下层地位的人，学识有限，心理脆弱，对超出自身生活经验的一般问题不甚了解，不辨真伪，因而盲目相信所谓权威的意见。他们甚至不在乎"说什么"，而在乎说者本身的权威地位。古往今来的君主枭雄、教主领袖，乃至市井中有号召力之人，他们的号召力往往正是来源于对大众心理的这种控制。

在当今社会，仍然可以经常看到"权威效应"起作用的例子。比如，企事业单位以及商场、酒店、学校、娱乐场所，大都愿意请党和国家领导人或名人雅士题写名称；很多书籍也喜欢请名人题签；有的药品、保健品的宣传资料上，常常见到政界高级知名官员的题词和接见董事长、总裁的照片。这都是对"权威效应"的利用。

不可否认，有时"权威效应"有它积极的一面。在日常生活中，积极、上进的权威效应是值得提倡的。如果权威人物给群众作出好的榜样，会有助于形成良好的社会风尚。而消极、颓废的"权威效应"则应该杜绝和制止。

作为普通人，我们应该明白，其实"权威"也是凡人，他们或多或少都会受到时代和自身条件的局限。如果我们不能认识到这一点，而总是跪倒在"权威"的面前，那么我们的社会就永远不会进步。

洛德·卢瑟福是英国著名核物理学家，因对元素裂变的研究获得1908年诺贝尔物理学奖。他曾断言："由分裂原子而产生能量，是一种无意义的事情。任何企图从原子蜕变中获取能源的人，都是在空谈妄想。"但数年后，用于发电的原子能就问世了。目前原子能已经成为主要的发电新能源。在法国，原子能的利用率甚至已占各种能源的40％。

在科学大发现的时代——19世纪，当牛顿发现宇宙定律，伦琴发现X射线后，有科学家曾断言：科学的路已走到头了。以后的科学家的任务就是尽量使实验做得更精确一些。但不久，爱因斯坦就发现"相对论"，给了科学界一个新视野。

曾经有这么一件事，一位导师，每天晚饭后都要出去散步，在散步之前，他都要给他的一位学生留三道题，留在桌子上，等学生来解答。

这天这位学生发现老师只给他留了两道题，他很快做完了，又在老师的书中发现了一个折着的小纸条，上面写着一道题，题目是："如何用一支圆规和一把没有刻度的尺子来画一个十七边形"，他开始冥思苦想，到深夜的时候，终于找到了答案。于是次日来见他的导师，导师见后异常惊讶，因为那道夹在书里的题目是他打算花大力气解决的，是当时数学界的一道难题。这位学生就是高斯。

如果当时高斯知道那是一道当时数学界的难题时，也许就不会那么快找到答案。因此，我们看问题不要被自己吓倒，不要惧怕权威。

其实，用辩证法的观点来看，权威是相对的，如果我们足够努力、勤奋，我们也可以从非权威变成权威。所以，我们不能盲目地迷信权威。

角色转换

在社会中，每个人都要扮演各种各样的角色，有时候，这些角色之间会发生冲突，能否处理好这种冲突，决定了我们社会角色扮演的成功与否。

每个人都要在社会中扮演属于自己的社会角色。当个人在所履行的两个或多个社会角色之间或角色与人格之间，有难以相容感，就发生了角色冲突。角色冲突也可发生于个人遭受来自不同群体的不可调和的压力，或出现在角色定位模糊之时。角色冲突可导致焦虑、紧张、苦恼、效率下降，或使个人为解决冲突而从一个或多个不相容的角色中撤退，重新定位或通过协调减轻对立诸方的压力。

英国女王维多利亚是历史上有名的皇帝，但是私底下她和丈夫阿尔伯特亲王相处时，不免也有一般家庭的争执场面。

有一次，他们夫妇又吵架了，丈夫阿尔伯特愤而回到卧室，并且关上了门。事后维多利亚女王想想，知道是自己理亏，就在房间外敲门，打算向丈夫道歉。

"谁？"女王在敲门后，听到丈夫这样问道。

"英国女王！"

可是屋内没有任何回音，于是女王又敲了敲门。

"谁呀？"

"我是维多利亚。"

可是丈夫依旧没有回答。

最后，维多利亚又敲了敲门，然后温柔地说道："对不起，亲爱的，开门好吗？我是你的妻子。"

这回房门从里面打开了。

这个故事告诉我们，每个人在不同时刻、不同场合会扮演不同的角色。在家里，维多利亚女王就是妻子，她不再是女王。因此，我们要在不同的场合扮演好自己的角色。

人的一生，需要你扮演的角色很多，你可能是领导、职员、父亲、母亲、丈夫、妻子、儿子、女儿……角色与人的心理健康密切相关，当他（她）成功扮演各种"角色"时，既满足了社会的期望，也满足了个人的需求，所以他（她）能过正常的生活。反之，那些不能胜任各种角色的人，则很可能在不同的生活处境中遇到困难，其中经常碰到的就是不能适应不同角色冲突带来的麻烦。

如果我们不能在需要的时候，自如地转化自己的角色，那么无论在心理上还是在行为上都会感到不自在。换言之，为了使日常的人际关系，特别是工作中的人际关系更为融洽，这种能力是不可或缺的，即敏锐地观察出我们在各种情境下应扮演的角色并做出相应的角色行为。尽管在大多数情况下角色转换会自发进行，但为了有备无患，我们还是要多加注意。

角色冲突会导致人产生紧张情绪。研究证明，总是生活在角色冲突中的人，会心率加快、血压增高。美国社会心理学家米德把这种现象称为"角色紧张"。角色紧张对社会及个体的身心健康都非常有害。消除角色冲突，可以采取如下几项具体方法：

1. 防止角色混同

不同角色的权利与义务是各不相同的，不能混为一谈，应当区别对待。如在异性交往中，男性要把妻子、女朋友、女同事区别开来；同样道理，女方也要对丈夫、男朋友、男同事区别对待。如果将种种异性对象混同为一种角色，那就会出现很多矛盾和冲突。比如，某位男性在单位时是领导，习惯于发布命令、指挥别人，但回到家里，履行作为丈夫和父亲的职责时，就不能一味严肃正经。

2. 学会换位思考

考虑和处理问题时，不要老是站在自己的角色的位置上，而应当换个角色位置，即站在他人角色的立场，"将心比心""设身处地"地体验不同于自己的别的角色的需求、遭遇和感受。比如，丈夫站在妻子的角度，妻子站在丈夫的角度，下级站在领导的角度，领导站在下级的角度，这样自然就能消除角色冲突，保持人际关系的和谐。

3. 做好角色转换

不同的角色有不同的权利与义务。我们在角色转换后，应当及时对所承担角色的权利与义务有明确的认识，对该角色应有行为作出清晰的理解，以求顺应变化，尽早进入新角色，转换角色行为。

人多力量小

看到这个标题，你一定会觉得很奇怪，都说"人多力量大"，怎么这里却说"人多力量小"呢？请先看下面一个故事：

很久很久以前，一个小和尚独自一人住在山上的一座小庙里。他每天挑水、念经、敲木鱼，给观音菩萨案桌上的净水瓶添水，夜里不让老鼠来偷东西，生活过得安稳自在。

不久，来了个瘦和尚。他一到庙里，就把半缸水喝光了。小和尚叫他去挑水。瘦和尚心想一个人去挑水太吃亏了，便要小和尚和他一起去抬水，两个人只能抬一只水桶，而且水桶必须放在扁担的中央，两人才心安理得。这样总算还有水喝。

后来，又来了个胖和尚。他也想喝水，但缸里没水。小和尚和瘦和尚叫他自己去挑，胖和尚挑来一担水，立刻独自喝光了。

从此之后，再也没人挑水，他们也没水喝了。大家各念各的经，各敲各的木鱼，观音菩萨面前的净水瓶也没人添水，花草也枯萎了。夜里老鼠出来偷东西，谁也不管。结果老鼠猖獗，打翻烛台，燃起大火，三个和尚这才一起奋力救火。大火扑灭了，他们也觉醒了。此后三个和尚齐心协力，每个人都抢着挑水，他们终于又过上了安稳的日子。

为什么庙里有三个和尚的时候却没水喝呢？这是在群体活动过程中，因为责任分散，存在一种损耗现象。这是管理中经常遇到的难题。

有人认为，一个具有共同利益的群体，一定会为实现这个共同利益采取集体行动。但心理学家却发现，这个假设不能很好地解释和预测集体行动的结果，许多合乎集体利益的集体行动并没有发生。相反，个人自发的自利行为往往导致对集体不利、甚至产生极其有害的结果。著名的"奥尔森困境"告诉我们：一个集团成员越多，从而以相同的比例正确地分摊关于集体物品的收益与成本的可能性越小，搭便车的可能性越大，因而离预期中的最优化水平就越远；集团规模越大，参与关于开展集体行动进行讨价还价的人数越多，从而讨价还价的成本会随集团规模的扩大而增加。由此，大集团比小集团更难以为集体利益采取行动。也就是所谓的"三个和尚没水吃""人多打瞎乱，鸡多不下蛋"。

因而我们说"人多力量小"是有一定道理的。

"三个和尚"的寓意是人多反而难办事，就如西方人的谚语"厨师太多毁了一锅汤"。但是这也不是绝对的，因为还有一句古话："三个臭皮匠，顶个诸葛亮。"这句话说的是团体的努力优于个人，那么到底哪个更符合实际呢？

从心理学的角度来讲，这两句话都有其正确的时候。因为在解决问题的时候，人数的多寡并不是决定性因素，工作性质，工作者的动机、情绪等也都是重要的方面。

首先心理学家发现的确存在所谓的"社会浪费"，它指的是在团体作业中个人工作效率随团体人数增加而下降的现象。例如在一次实验中，心理学家召集了一些人，要他们每人大声喊叫，并记录其音量。然后将他们编组，分别为每组2人、4人、6人不等，也要他们大喊，并记录各人的音量。结果发现，虽然团体喊叫的总音量随人数增加而增加，但个人的音量却随团体人数增加而降低。也许每个参加过合唱团的人都会有这样的体会。

不过，在团体作业方式下，个人工作效率并不一定下降，比如在组队参与体育竞赛时，很可能通过相互合作提高各自的成绩，这又是为什么呢？

这是因为竞赛中个人的表现随时引人注目，从而使团体成员都受到重视，避免了旁观者效应。另外在竞赛时队员之间往往分工明确，职责固定，自然能激励每个人发挥水平，全力争胜。

事实上集体解决问题的主要优势在于其拥有的知识或特长更多，因而在解决那些无法依靠个人完成的任务时更有利，使一个问题可以被解剖为几个相关部分由团体协作完成。但是处于团体中的一个人也会因为要处理好与其他人的关系，使得工作效率下降。另外，团体作业也会对个人的创造性有所阻碍，因为人们经常由于害怕自己表现得与众不同而放弃了一些具有独创性的思路或方法。

"人多力量大"与"人多力量小"不是绝对的，要具体问题具体分析。一般来说，在以下条件下，会出现"人多力量大"的情形。

1.团体成员之间出现了"收益不对称"，即假设个别成员从集体行动中得到的利益比其他成员来得越大，他为集体行动做贡献的积极性也就越大。

2.如果团体成员之间存在着"选择性激励"，即依据业绩、成就所实施的现代绩效考核，那么人多团体的力量就更大。

我们应该不断完善自己的管理机制，促使团队成员发挥其最大的能量为团体服务，让"人多力量也大"。

不是冤家不聚头

如果以你为圆心，以你与他人的亲疏为半径，可以画出大大小小的许多圆来。其中，路人在你的"关系网"中，恐怕是属于最外层的人物了吧？

有一天，一个未过门的女婿准备去拜见丈母娘。路过一家食品店，见一条长蛇般的队伍延伸而出，原来是人们在排队购买脱销已久的火腿。他突然想起，"心上人"不是说她妈妈最喜欢用火腿煮汤喝吗？何不买一点儿送给她，去讨个欢心呢？于是，他使出浑身解数，插到了队伍的前列。一位大娘看不惯，批评了他几句。他恼羞成怒，脱口便骂，把那个大娘气得快快离去。他不以为然，心里想，反正茫茫人海，来去匆匆，今后谁还认得谁？

他如愿以偿地提着火腿，敲开了"心上人"的家门。谁知开门的正是那位大娘。"什么？你，你就是我女儿的男朋友？！"她目瞪，他口呆……

事后，他愧悔交加："早知她是谁，我说什么也不会那样了。"他的父亲了解情况后，厉声斥道："难道不是你未见面的丈母娘，你就可以那样无礼吗？！"

这样的事在现实生活里，我们不知耳闻目睹了多少。生活看来真有点儿偶然性，本来以为"陌路相逢"，自会"分道扬镳"，哪知"殊途同归"，被你侵犯的人偏偏是你已间接认识的人。

让我们用社会心理学的眼光，去透视一下这种偶然的巧合中有什么必然的因素吧！

美国有人分析，如果随意挑出两个美国人来，例如：罗伯特和约翰，那么，他们相识的可能性只有二十万分之一。但是罗伯特认识某人，某人又认识另一个人，另一人又认识约翰，这种可能性却要多达一半以上。这就是社会心理学中所谓"熟人链效应"。这条"熟人链"

无始无终，如同经纬线一样网罩着整个社会。社会生活中的每一个人，都是这"熟人链"上的一环。

在外出旅行的火车上，你闲得无聊，于是就跟对面的陌生人闲聊起来，闲聊几句后竟然发现你们有一个共同的熟人，于是你不由感叹：世界真小！长时间以来一直流行着一种通俗心理学理论，认为世界上任何两个人只要通过五六站中间关系，就可以属于一个共同的熟人圈。你没想到你会成为布什·希拉里或爱斯基摩人的熟人吧？只要你愿意尝试，通过熟人的熟人的熟人的介绍，最多不会超过五六站这样的熟人链，你就会成为世界上任何一个角落的任何一个人的熟人圈子里的一员。这一理论曾流行一时，据说是心理学家斯坦利·米尔格拉姆提出的。

当前，毋庸置疑的是，现代社会比以往任何时候都显得更为灵活、开放。社会系统的开放性，使如今普天之下变成了一个"全球性的村庄"，即"地球村"。

唐代，古人借长江三峡急流放舟，"千里江陵一日还"已使李白惊叹不已。而今天，现代交通工具使中国至大洋彼岸有数万里之遥的美国，不用一天就到，已成为平常小事。电子计算机的网络和终端设备，还使你只需把高见输入电脑，"地球村"里的任何一个需求单位及"公民"立即就能"近在眼前"，进行"疑义相与析"的工作。现在，世界上任何地方发生的事情，都可以在瞬息之间传播到任何别的地方，就如从一个村庄的东头传到西头那么容易、那么迅速，甚至更容易、更迅速。由于"地球村"的出现，传统的时空观念受到了冲击，普通人的视野第一次真正地超过了国界的限制，遥远的有着浓重神秘色彩的异国他乡已变得近在咫尺。生活在现代社会中的你，乃是这个"地球村"里的一位"村民"。"熟人链效应"在这个"地球村"里，在整个"开放的宇宙"里，其活动和作用的范围是大可任君想象的了。这正是社会系统开放性的一种表征。

犹如只有登上巅峰的登山者才可领略整个山川的风光一样，只有从"地球村"的"方位"去鸟瞰"熟人链效应"的时间和空间，进而去认识个人在开放性社会系统里的"一环"（位置），才能享受到社会生活的甘露，体味到人生那深邃的价值和愉悦。

人是群居动物，人的成功只能来自他所处的人群及所在的社会。生活中、社会中，你不可避免地要同形形色色的人打交道。只有在这个社会中游刃有余、八面玲珑，才可为事业的成功开拓宽广的道路。没有非凡的交际能力，免不了处处碰壁。总之，扩展你的熟人链，会对你大有好处。

1974 年，社会学家马克·格兰诺维特尔通过深入研究，发表了一篇研究论文《找到一份工作》，其中他采访了几百名技术工作者，记录了他们的就业经历，发现有 56% 的被调查者是通过他人介绍找到工作的，其他 20% 是通过自己申请求职找到工作的，约 18.8% 的被调查者是通过猎头公司等渠道找到工作的。比如，新近失业的 A 在路上遇到了一年难得一见的熟人 B，两人聊起最近生活情况，A 对 B 说自己正想找一个软件程序员的工作。B 突然想起了大学同学 C 上周在一次聚会上提到他们公司正在招聘，于是将 C 的电话和电子邮件告诉了 A。最后，A 通过 C 应聘到了他们公司。

生活中，你千万别小看了那些"半生不熟"的人，虽然你们一年难得见面一两次，但在关键时刻，他们可能会有意想不到的作用，或许他们会帮你走出困境。

名人效应

在意大利的一个小镇，一栋看起来不起眼的二层楼住宅，下面有个毫不起眼的阳台，一扇毫不起眼的木门，旁边一个毫不起眼的钟亭，却常常挤满了慕名而来的游客。每个人都要在阳台摄影留念，年轻的恋人们还不忘在门上写下海誓山盟，因为这是莎士比亚笔下经典爱情故事女主角朱丽叶的家。

这则故事包含着一种特殊的社会效应，一种能使原本的默默无闻变成众所周知，使不起眼变全球闻名的神奇效应——名人效应。

所谓名人效应，是指名人对大众的社会意识、社会行为的影响程度、范围和效果。名人的类型与所带来的名人效应有着莫大的关联。譬如，让一位歌星去办学，可能起初会有不少人慕名而去，但时间一长，名人效应就会慢慢淡去。但是如果由一位在教育界非常有名气的学者来办学，那些来学校读书的人则求的是学识的增长，效果自然会比一位歌星办学好得多，而且带来的名人效应也会长久存在。名人所具有的名人效应是一项无形资产，这是因为名人或拥有名人产生的名人效应具备无形资产的大部分特征。

名人是人们心目中的偶像，有着一呼百应的作用。

有一个出版商有一批滞销书久久不能脱手，便给总统送去一本，并三番五次去征求意见。忙于政务的总统不愿与他多纠缠，便回了一句："这本书不错。"出版商便大做广告："现有总统喜爱的书出售。"于是这些书被一抢而空。不久，这个出版商又有书卖不出去，又送了一本给总统。总统上了一回当，想奚落他，就说："这本书糟透了。"出版商闻之，又做广告："现有总统讨厌的书出售。"仍有不少人出于好奇心而争相购买，书很快卖完了。第三次，出版商将书送给总统，总统接受了前两次教训，便不做任何答复。出版商仍大做广告："现有总统难以下结论的书，欲购从速！"居然又被一抢而空。总统哭笑不得，出版商大发其财。

出版商利用总统的声望，大肆宣扬其书是经过总统评论的。购书者出于好奇，想知道为什么总统会觉得那本书不错、讨厌和难以下结论，所以争相购买，其中也存在名人效应。由于总统属于众所周知的人物，又被世人尊敬，所以他的一举一动、一言一行都会被人注意。出版商就利用了这一点，发了一笔横财。

20世纪30年代初，美国有两位大学生打赌，他们寄出了一封不写收信地址，只写"居里夫人收"的信，看它能否寄到居里夫人手里。结果，这封信真的寄到了居里夫人手里。试想，如果换了一个普通人，信还可能寄到吗？

人们对名人的追随有时比对权威的盲信更加缺乏理性。因为权威毕竟是在某个领域里有很高造诣的人，而人们对名人的遵从往往和他的专业能力并无关系，而仅仅是因为把名人神化。

南唐李后主十分欣赏女人的小脚，他宠爱的妃子为了拥有小脚，用绫子缠足，结果这种风气蔓延到全国，乃至给后世的无数中国女性带来了极其深重的灾难。

歌德失恋后写出了名著《少年维特之烦恼》，轰动一时。小说是一部悲剧，其主人公维特最终因失恋自杀，写得非常逼真感人。没想到，小说发表后不久，社会上青年人自杀的比率骤然升高。这都是受到小说中主人公的感染，在心情悲观的时候模仿主人公而导致的。当然只有像"维特"这样的"名人"才会引起这种强烈的模仿效应，如果是一个普通人自杀了，肯定无法引起这种大面积的模仿，以至于当局不得不一度将此书列为禁书。

上述事例中对名人的追随和模仿是非常盲目和不理性的，而且可以看出对名人的追捧是古已有之。

有很多时候，人们还会利用名人效应为自己服务。在我国明朝年间，江西吉州地方有个名叫欧阳伯乐的秀才到省城赴考时，在行李担上插了一面旗，上写"庐陵魁选欧阳伯乐"，以标榜自己是宋朝大文学家欧阳修的后代。众考生见此便赋诗一首加以嘲讽："有客遥来自吉州，姓名挑在担竿头。虽知你是欧阳后，毕竟从来不识修（羞）。"

名人效应对社会来说是一种极大的助力。但物极必反，由于名人所带来的效应是一种无形的资产，那么如何适当利用这无形的资产来获取相当的利益就非常重要了。倘若过度依赖名人效应所带来的利益，那么得到的必然会是反效果。

如何正确对待名人所带来的社会效应呢？想要正确地处理名人效应，那么首先要了解这个名人在什么方面更能体现出其名人效应，用在不恰当的地方只会有适得其反的效果。其次要正确地知道这个名人效应所能带来的利益和社会效应究竟是多少，如果心里没底，一味追求名人效应带来的金钱利益，那么这个名人效应也只会如昙花一现而已。

总之，名人效应在推进社会发展中是必不可少的。只有正确利用才能发挥出名人效应的优势，才不会陷入名人效应的泥潭而不可自拔。

破窗理论

在日常生活和工作中，我们经常会发现这样一些类似的情况：

一个人带头摘取商店门口摆放的鲜花，其他人就群起而效仿，将数个花篮中的鲜花一抢而空。

桌上的财物，敞开的大门，可能使本无贪念的人心生贪念。

有些人犯了错误，通常都是这样为自己辩解："××都是这样干的！"或者说："上次就是这样做的！"

这些生活中常见的情况向我们道出了一个著名的理论：破窗理论。而破窗理论的产生基于一项有趣的实验。

美国斯坦福大学心理学家詹巴斗曾做过这样一项实验：他找来两辆一模一样的汽车，一辆停在比较杂乱的街区，一辆停在中产阶级社区。他把停在杂乱街区的那辆车的车牌摘掉，顶棚打开，结果一天之内就被人偷走了；而摆在中产阶级社区的那一辆过了一个星期仍安然无恙。后来，詹巴斗用锤子把这辆车的玻璃敲了个大洞，结果，仅仅过了几个小时，它就不见了。

以这项试验为基础，政治学家威尔逊和犯罪学家凯琳提出了破窗理论：如果有人打破了一个建筑物的窗户玻璃，而这扇窗户又得不到及时的维修，别人就可能受到某些暗示性的纵容去打烂更多的窗户玻璃。久而久之，这些破窗户就给人造成一种无序的感觉。结果在这种公众麻木不仁的氛围中，犯罪就会滋生、增长。破窗理论给我们的启示是：必须及时修好"第一扇被打碎的窗户玻璃"。

推而广之，从人与环境的关系这个角度去看，我们周围生活中发生的许多事情，不正是环境暗示和诱导作用的结果吗？

比如，在窗明几净、环境幽雅的场所，没有人会大声喧哗，或"噗"地吐出一口痰来；相反，如果环境脏乱不堪，倒是时常可以看见吐痰、便溺、打闹、互骂等不文明的举止行为。

又比如，在公交车站，如果大家都井然有序地排队上车，又有多少人会不顾众人的文明举动和鄙夷眼光而贸然插队？与此相反，车辆尚未停稳，猴急的人们你推我拥、争先恐后，后来的人如果想排队上车，恐怕也没有耐心了。因此，环境好，不文明之举也会有所收敛；环境不好，文明的举动也会受到影响。人是环境的产物，同样，人的行为也是环境的一部分，两者之间是一种互动的关系。

在公共场合，如果每个人都举止优雅、谈吐文明、遵守公德，往往能够营造出文明而富有教养的氛围。千万不要因为我们个人的粗鲁、野蛮和低俗行为而形成"破窗效应"，进而给公共场所带来无序和失去规范的感觉。

从这个意义上说，我们平时一直强调的"从我做起，从身边做起"，就不仅仅是一句空洞的口号，它决定了我们自身的一言一行对环境会造成什么样的影响。

在社会其他领域，同样存在着"破窗效应"，关键是我们如何去把握环境的这种暗示和诱导的作用。

学校是社会生活的一个缩影，"破窗现象"在其中体现得尤其充分。

在一位教师的记忆中有这样一个事例：

有一年，他的班级接受了一个留级生，在他的记忆中，这是他从事教育工作六年中唯一碰到过的一个留级生。

这次留级对这位学生的触动很大。进入新的班级后，他处处积极主动、勤奋学习。班里一些原本想混日子的人，看到学校动了真格，受到了震动。在他的带动下，同学们上课开始记笔记了，作业也主动交了。

甚至出现了这样一种情况，老师在上课时反复强调的重点，有的人或许会不以为然，但该生以过来人的身份提醒："这个内容是要考试的。"他的话能立即引起同学们的高度重视。留级生的话竟然比教师的话还有效，这是许多人都未曾想到的。

李老师刚刚接手一个新的班级，他意识到"破窗理论"对良好学风的形成大有裨益。他发现，许多学生一开始就没有形成良好的行为习惯，想要将这些散漫的学生整合起来，使之遵守学校的行为规范，就必须在发现违纪现象时及时加以制止和纠正，修好"第一扇被打碎玻璃的窗户"，使"破窗现象"终止于萌芽阶段。

相反，很多教师上课时对违纪学生不给予及时的批评制止和引导处罚，仍按部就班地按教学进度和教案上课，违纪的学生实际上受到了暗示性的纵容，愈演愈烈，违纪者也由点到面扩散开去，最终课堂违纪一发而不可收。这时再要整顿课堂纪律，往往是顾此失彼、事倍功半。

人们的日常生活中同样也存在"破窗效应"。

如果你住的地方卫生干净，没有人会忍心来污染它；如果你住的地方污染严重，那么谁都想来污染它——这就是生活环境中的"破窗理论"。从"破窗理论"我们可以得到一个启示：即要选择一个环境良好、卫生、干净的小区居住，因为在这样的环境中，人们总是能自觉地维护环境。

有一个高污染项目需要在美国某市兴建，市政局同时报了该市的两个街区（A 与 B）以备选择。A 街区，片区绿化好、环境优美、卫生干净、规划层次高，相当于那辆没有被破坏窗户的汽车。自然而然地，市民到了该地以后行为都会变得文明一些，在一个干净漂亮的环境里吐痰总归是不自在的。

而所报的另一个地方 B 街区虽然环境也很优美，但因为街区内已经有了电厂、污水处理厂、高压线，相当于那辆已经被打破了玻璃的汽车。

在最终表决的时候，所有的项目组成员和市政局官员无一例外地选择了 B 街区，因为他们都想：既然已经如此了，多一个污染源也没什么。

一些好的社区总是很干净，居民的行为也很自觉，他们一起自觉地维护小区的环境。可还是这些人，到了杂乱的环境中，就开始乱丢垃圾、随地吐痰。

可见，不要轻易去打破任何一扇窗户，一旦一个缺口被打开，后面的结局似乎可以预料。如果一不小心"打烂第一块玻璃"，也必须及时修补，防微杜渐。

马太效应

《圣经》中有这样一个故事：

一个国王远行前，交给 3 个仆人每人一锭银子，吩咐他们去做生意。等他回来时，第一个仆人说："主人，你交给我的一锭银子，我已赚了 10 锭。"于是，国王奖励他 10 座城邑。第二个仆人报告："主人，你给我的一锭银子，我已赚了 5 锭。"于是，国王奖励他 5 座城邑。第三个仆人报告说："主人，你给我的一锭银子，我一直包在手巾里，怕丢失，一直没有拿出来。"于是国王命令将第三个仆人的一锭银子赏给第一个仆人，说："凡是少的，连他所有的，也要夺过来。凡是多的，还要给他，叫他多多益善。"

这个故事出于《新约·马太福音》，它的寓意是贫者越贫，富者越富。

20世纪60年代，知名社会学家罗伯特·莫顿首次将"贫者越贫、富者越富"的现象归纳为"马太效应"。

"马太效应"无处不在，无时不有。

一个突出的现象是，在人类资源分配上，《马太福音》所预言的"贫者越贫，富者越富"现象十分明显：富人享有更多资源——金钱、荣誉以及地位，穷人却变得一无所有。

日常生活中的例子也比比皆是：朋友多的人，会借助频繁的交往结交更多的朋友，而缺少朋友的人则往往一直孤独；名声在外的人，会有更多抛头露面的机会，因此更加出名；容貌漂亮的人，更引人注目，更有魅力，也更容易讨人喜欢，因而他们的机会比一般人多，有时一些机会的大门甚至是专门为他们敞开的，比如当演员、模特；一个人受的教育越高，就越可能在高学历的环境里工作和生活。

金钱方面也是如此：如果投资回报率相同，一个本钱比别人多10倍的人，收益也多10倍；股市里的大庄家可以兴风作浪，而小额投资者往往会赔得一无所有；资本雄厚的企业可以尽情使用各种营销手段推广自己的产品，而小企业只能在夹缝里生存。

可以说，无论是在生物演化、个人发展等领域，还是在国家、企业间的竞争中，"马太效应"都普遍存在。

有一幅题为"成名以后"的漫画就讽刺了这种现象：一位编辑指着青年作家身旁的装满废纸的纸篓说："这些我们全都发表。"这说明，一个人如果出了名，他的研究成果，包括并不成熟的"退稿"、粗制滥造的"废稿"，也会变为"名篇杰作"，甚至他的一言一行也可能被奉为圭臬。就像爱因斯坦说的："我每每小声嘀咕一下，也变成了喇叭的独奏。"

一个人拥有的越多，社会就倾向于给予他越多；一个人拥有的越少，社会就倾向于给予他越少。根据"马太效应"，社会更倾向于"锦上添花"，而不是"雪中送炭"。

在管理的领域，马太效应有它积极的意义。体现在企业的人力资源管理上，我们得出这样一个结论：就是企业在用人策略上，应该量才施用，对才能大的人委以重任，对才能小的或没有才能的则赋予较轻的职责，或者不用。管理要避免的是"大马拉小车"或"小马拉大车"的现象。

在享用"马太效应"带给我们无限启发的同时，我们必须警惕它所带来的负面影响。

在学术界，"马太效应"经常与学术腐败联系在一起。

比如，已经成名的学者，哪怕他的论文乏善可陈，也很容易被学术刊物录用；而无名小辈的论文，哪怕水平再高，也往往被刊物拒绝。

于是，知名大家和无名小辈就从各自需要出发利用起"马太效应"来，于是就有了与"权力剥削"孪生的"名望剥削"。比如，导师领衔在研究生的论文上署名，而研究生也只好"心甘情愿"地任导师剥削了——不让导师剥削，你就永远别想在学术界占有一席之地。

这种"马太效应"所必然产生的负面效应便是，"著名学者"越来越远离学术，越来越重视学术权威；而没有学术著作又想占有学术权力，便只能营造虚名、制造泡沫学术。

"马太效应"在学校教育中也是普遍存在的，而且往往影响到教育公正。

比如，学校管理水平高、办学质量好，就有条件招聘到好的老师，师资队伍就会越来越好；相反，不好的学校很难招到好的老师，即使目前有好老师，也会逐渐另谋高就，因此，学校会越办越糟。

自信心强的学生，什么事情都敢于挑战；而自信心差的正相反。结果，自信的学生上课大胆发言，与同学交往游刃有余，不断地获得新的成功；自信心差的学生话也不敢说，做事谨小慎微，由于缺乏信心，结果总是失败，因此变得更加自卑，甚至自我封闭。

第三章

三

探究生活中的心理学

爱情中的心理学

恋爱的三个阶段

俄国文学大师托尔斯泰有句名言："一千个人有一千种爱情。"的确如此，在现实生活中，每个人的爱情都有不同的对象、不同的经历，各有特色。但是，从初次接触到结婚，完整而有效的爱情发展包括初恋、热恋和熟恋3个过程，通俗地讲，即"谈""恋""爱"3个过程。其中"谈"是"恋"的前提，"恋"是"爱"的基础，不同的阶段有不同的心理特征。

初恋阶段

初恋阶段是指爱情萌生的时期。在时间上大体指恋爱的双方从进入角色到热恋前的这段接触。处于这一阶段的青年男女一般具有下列几种心理。

1.试探心理

与对方接触后，由于对其了解甚少，于是便设法通过不同的方式全面地了解对方，或人为制造"考验"情景，或正话反说以观察对方的情感变化等。一般来说，女子的试探心理较男子复杂。

2.戒备心理

由于交往程度浅，接触时间短，故恋爱双方都存有不同程度的戒备心理，不愿很快动真感情，不轻易暴露自己的缺点。双方接触时显得十分冷静，故交谈时含蓄敏感，不能推心置腹。

3.矛盾心理

恋爱的双方经过一段时间的接触了解，既发现了对方的一些优点，又发现了一些缺点。此时，欲罢不能，欲谈又勉强，心理上充满了矛盾。

热恋阶段

这是爱情走向成熟的时期。客观地讲，是指双方进入了感情上的迷恋时期。谈的过程结束，就是恋的阶段开始，二者紧密相连，很难从具体时间上予以划分。经过初恋阶段的相互了解，双方的心理相容程度向更深、更广的方向发展，双方都沉浸在幸福之中，精神面貌也焕然一新。此时，双方心灵相悦、精神相通，彼此真正地了解了对方，已经能够完全接受对方的一切。与初恋阶段相比，热恋阶段的男女具有下列心理特征：

1.情感热烈

由对方外表、气质、才华等汇集而成的巨大魅力激起心中对他（她）的强烈思念和躯体依恋，产生企盼、等待、幻想等一系列内心活动。整个身心常处于迷恋恍惚的状态中，有如痴如醉之感，有时难用理智控制。常有"一日不见，如隔三秋"之感。

2. 感情专注

热恋中的男女感情专一，指向性很强，注意力和兴趣都集中到热恋的对象身上。不但注意对方的穿着打扮、仪表风度和言谈举止，而且注意对方的为人处世、情趣志向和品格情操。热恋中的男女，总是有说不完的知心话。此时，他（她）心中只记挂着对方，恨不得时时刻刻在一起，而对二人感情活动以外的其他活动兴趣不大。

3. 产生审美错觉

随着热恋的进行，感情日趋深化，对方在心目中的地位变得更高，形象变得更完美，热恋中的人会出现审美错觉，即"情人眼里出西施"。由于对恋人的爱慕，常将对方加以美化、理想化。即使对方有一些缺点，也被这种爱慕冲得一干二净。这种近乎偶像化的崇拜心理常可使爱情误入歧途，可能等到婚后才能发现对方的一些缺陷，但为时已晚。

熟恋阶段

熟恋阶段又称稳恋阶段，是恋爱进程趋于完美、成熟的阶段。时间上已开始进入婚前准备和计划婚后生活的阶段。"恋"和"爱"二者是互相渗透、互相依存的，有"爱"才能产生"恋"，有"感"才能加深"爱"。但与热恋阶段相比，此期又具有不同的心理特征。

1. 排他心理

由于感情的深化，思想上合拍，此期恋爱的双方已把恋人的命运与自己紧紧地联系在一起，产生占有心理，嫉妒心理，不愿恋人与其他异性接触，爱得越深，这种排他心理越甚。

2. "冷淡期"出现

经热恋期的频繁接触，双方解除了戒备心理，言行较前更随便，自我暴露增多。加之热恋的热度有所下降，对生活的认识更为实际，双方都会发现对方的一些不尽如人意之处。有时对一些问题的认识也难达到统一，加之受到家庭成员态度、社会舆论的消极影响，心理上易出现不愉快的情绪。当意识到隔阂存在时，一般双方都能冷静地面对，以最大的努力消除这种隔阂。

3. 现实感增强

度过"冷淡期"后，感情在理智的维系下回潮并进一步发展，双方都努力争取达到精神上的和谐、观念上的一致。此时恋爱已与婚姻联系在一起了，已进入了婚前准备、计划婚后生活的阶段，并常讨论一些实际问题。

恋爱过程是一个情感复杂、心理多变的过程。这是因为爱情的欢乐与幸福从来都是与痛苦、烦恼相互依存、纠缠在一起的。只要我们了解了恋爱过程中不同阶段的心理特点，力求谈、恋、爱三个阶段的和谐统一，就会拥有幸福、完美的爱情。

人的择偶心理

每个人都希望找到自己理想的伴侣，因而，每个人的择偶心理各不相同，并且往往是多种心理的交织，只是以某种心理倾向为主罢了。现代人复杂的择偶心理，取决于社会时代背景、个人人生观、恋爱观、价值观等多种因素，不同的人有不同的恋爱观和择偶心理。现实生活中，常见的典型的择偶心理有以下几种类型。

追求外表美的择偶心理

在年轻人中，追求外表美的择偶心理是很普遍的。希望自己的对象漂亮点儿、英俊些是人之常情，但如果一味地追求这种外表美，则会进入择偶误区。仅靠漂亮的外表维系的爱情，往往是短暂和肤浅的：当岁月使容颜衰老时，爱情拿什么来继续呢？相对于漂亮的外表，一个人的品行、才干和经济基础应该是更重要的择偶条件，就像歌德所说的："外貌美丽只能取悦一时，内心美方能经久不衰。"

有些人在择偶时过分注重对方的外在条件，从长相、身材到举止风度均有较苛刻的要求。究其原因，除了求美心理外，主要是虚荣心作怪。但外表美并不等于心灵美，外表美只能取悦一时，心灵美才能地久天长。因此，一味追求外在美，并以此作为择偶首要条件是不可取的。

追求完美的择偶心理

择偶时要求对方完美无缺，既要外部形象优美，又要内在素质良好；既要本人条件优越，又要家庭情况满意。这种尽善尽美的择偶标准理论上讲是好的，但现实生活中实难找到如此完美的个体，故易产生动机挫折，造成婚恋困难。

具有这种择偶心理的，也是以年轻人居多。年轻人选择对象时，往往事先制订一系列条条框框，凡不符合其中一二点的，哪怕其他方面都中意，都不在考虑范围之内。比如常听一些女孩子这样说："我的白马王子，长得要帅、要会关心我、家庭背景要好、要聪明，更要有钱……缺了一条，一概不考虑！"具有这种择偶心理的年轻人，常常等到成为大龄青年的时候才找到爱情，但对象往往也不是最初的完美形象。这是因为处处完美的人几乎没有，即使有几个，大家都抢着追，成功的概率又何其小。纵使终于抓到一个完美的情人，交往中不可避免的瑕疵也会使追求完美的人无法忍受，在经历了孤芳自赏或几度甩人之后，年龄大了，不得已，委曲求全结婚。

物质至上的择偶心理

有些人择偶时对物质的要求较高，注重对方的经济状况、住房条件和对方父母的地位、权势、财产等，他（她）们不是把婚姻建立在爱情的基础上，而是把婚姻当作一种交易，把自己的幸福和命运寄托在对方的金钱和地位上。某些经济落后地区买卖婚姻、索要彩礼的现象可谓是这种类型的典型表现。产生这种心理的原因除了追求物质享受、满足虚荣心外，还与一些人，特别是女性的依赖心理、从众心理有关。

在现代社会，拜金主义流行，这种择偶心理自然比较普遍。对于很大一部分人来说，经济状况是择偶的首要考虑因素。但是，他（她）们忘了，建立在物质、金钱基础上的爱情与婚姻，铜臭会淹没感情的温馨。当金钱失去的时候，这种关系将难以维系。

追求精神满足的择偶心理

随着社会经济、文化的进步和个人素质的提高，追求精神满足的恋情的人越来越多。这类人在择偶时，不拘泥于某种外在的东西，追求心灵上的相互沟通和共鸣，注重对方的道德品质、思想感情、性格爱好等方面情况。

有人择偶时对对方的内在素质要求较高，注重对方的事业心、思想品德、学识才干、气质性格等。较多年轻人，特别是文化素质较高、知识修养较好的青年男女的择偶心理属此型。他们重才不重财，重德不重貌，追求彼此心灵上的沟通和感情上的融合。如此获得的爱情才是靠得住的，因为高尚的人品、良好的素质是维系持久而真挚的爱情和婚姻的重要基础。

但是，一味地追求精神满足而忽视物质基础，将会使恋人爱得坎坷。

游戏择偶心理

有一部分年轻人，朝三暮四、寻花问柳，以爱情为掩护去玩弄他人感情，以伤害别人为乐趣。这种人的人生观、恋爱观是无耻的，伤害了别人的同时也浪费了自己的青春。

男女的择偶心理多种多样，以上所述不过是几种基本的类型。现实生活中，典型单一的择偶心理毕竟是很少的，大多呈复合可变型，表现为多种心理状态交织，但以某种心理倾向为主。无论持有什么样的择偶心理，都要牢记这样的格言：以利交者，利尽则散；以色交者，色衰则疏；以心交者，方能永恒。

恋爱中的心理差异

由于生理特征、认知方式等诸方面的差异，恋爱中的男女，是存在心理差异的，了解这些差异，有助于我们建立更加稳固的恋爱关系。

恋爱中男女的心理差异具体表现在以下方面。

男性比女性更容易一见钟情

人们之间的了解，总是从相识开始的。爱情萌生于好感，而人们之间的好感，也离不开最初的一见。有的初见没有什么，但是日久生情，而有的只要见上一面，就会顿生情愫。通常情况下，男性更注重女性的长相等外貌特征，而女性更注重男性的内心世界，选择对象一般比较慎重。因而男性比女性更易一见钟情。

男性求爱时积极主动，女性则偏爱"爱情马拉松"

在恋爱的过程中，男性往往比较主动，敢于率先表白自己的爱情，喜欢速战速决，与对方接触不久，就展开大胆的追求，希望在短期内能够取得成功。而女性则不然，她们喜欢采取迂回、间接的方式，含蓄地表达自己的感情，喜欢将爱情的种子珍藏在心灵深处。

男性在恋爱中的自尊心没有女性强

在恋爱中，男性一般并不过分计较求爱时遭到对方拒绝所带来的尴尬。如果求爱受挫，他们会用精神胜利法来安慰自己，以求得自身心理上的平衡。而女性则不然，她们在恋爱中极其敏感，自尊心强，并想方设法来满足这种需要。

男性的戒备心理没有女性强

一般来说，男性在恋爱中的戒备心理比女性少一些。不少男性在与女性开始接触后，几乎没有什么怀疑对方的心理。女性则不然，她们在恋爱初期显得十分冷静，常常以审视的态度来观察对方是否出于真心实意，考察对方的家庭细节，唯恐上当受骗。所以在恋爱的初期，女性往往显得十分小心谨慎。

女性的情感比男性细腻

在恋爱中，男性往往有些粗心，不能体察女方细微的爱情心理。他顾及大的方面，而不注意小的细节，发现对方情绪变化时，经常百思不得其解，不知所措。

女性的情感很细腻，善于体察对方的心理。她们追求爱情的亲密，要求男子的言谈举止都要称心。马马虎虎、粗心大意的男友不经意的一句话、一件事，就常常也会搞得她们伤感不已或大发脾气。

在情感表现方面，女性较男性含蓄

男女在恋爱中的情感表现大不相同，即使到了感情白热化的热恋阶段。

男性一般反应迅速强烈、意志坚强、勇敢大胆、热情洋溢，但情绪不稳定。这种个性特点，使他们对爱的感受容易溢于言表、喜形于色。言行多不深思后果，易冲动，受到刺激时不善控制自己，如急于用亲吻、拥抱等亲昵形式表达爱。

女性一般沉稳持重、灵活好动、情绪多变、感情充沛而脆弱。体现在恋爱过程中，则是她们感情羞涩而少外露，善于掩饰自己，表达爱慕常感到羞口难开，喜欢用婉转含蓄、暗示的方法而不喜欢过早用动作、行为的亲昵来表达。

失恋后，女性的承受能力较强

失恋对于男女双方来说，多是痛苦的。但面对失恋，男性的忍受力较差，在失恋这种重大挫折面前易于消沉、哀伤。女性失恋后自然也会非常痛苦、伤感，但她们忍受力比较强，又喜欢憋在心里，所以看起来就不怎么痛不欲生。

上述的是在恋爱过程中男女之间的心理差异。由于女性较男性的情感更丰富细腻，心理活动更复杂、多变，尤其是处在恋爱中的女性，其心理更是让人捉摸不透。恋爱中的女性还存在以下几种特殊心理。

假心假意的"转移"

女性在恋爱时，常常希望自己的男朋友说"亲爱的，没有你和我在一起，我很寂寞""我永远离不开你"等甜言蜜语。然而男性很少了解这一点。正因如此，女性会有意识地在男朋友面前与其他男性友好、亲热，企图激起男友的醋意，以考验男友的真诚程度，但现实中往往适得其反。因为，大多数男性对于女性的这种"移情"会信以为真，而主动退出恋爱，从而导致双方结束美好的恋情。

扑朔迷离的"施虐"

恋爱中的女性具有一种施虐的意识，如与恋人约会时，会故意姗姗来迟，或有意不赴约，让久等的恋人焦急、烦躁、疑惑、担心，甚至痛苦，备受煎熬，以得到男友为她付出苦楚的快乐。恋爱中，这种轻微的偶尔的"施虐"也是不可缺少的"作料"，但经常、过分地施虐却是一种变态的心理，是万万不可取的。

莫名其妙的嫉妒

女性对周围的人或事甚为敏感，尤其在恋爱中，她会不断地将自己和他人做比较，脑海里总担心自己的价值得不到对方的承认，因此便产生嫉妒，有时会使自己无法解脱。嫉妒心理是有害的，它不仅有损他人，也影响自己的身心健康。

真真假假的否定

女性在恋爱过程中表达自己欲望的方法一般比较含蓄、委婉，有时还会是反向。她说"不"的时候，内心往往是"好而愿意"。如约女友去看电影时，男友要去买票，女友说不用，男友就不去了，等女友去买，那么，这场电影肯定看不成。

女性的这一奇特心理，实际上是一种自我保护的计策。当然，有时也是女性真正内心的表示。男性在恋爱中掌握女性的这种异常心理，仔细斟酌，真正领悟，有助于恋爱成功。

婚姻中的心理学

新婚心理调适

当恋人们带着美妙多姿的想象和天真烂漫的愿望，步入婚姻的殿堂时，他们发现在白色婚纱的炫目光影背后，不再有罗曼蒂克的情调，要面对的是平凡、单调的"锅碗瓢盆交响曲"。由天马行空到脚踏实地，理想与现实的极大落差，让新婚的人们陷入了迷茫和困惑之中，使他们适应不良。因此，新婚夫妻须要正视心理变化与冲突，并及时调适。

心理失落感调适

热恋与婚姻是有很大差别的，一下子从无忧无虑的浪漫跌进了琐碎、操劳的现实生活，许多新婚夫妻，尤其是妻子，产生了心理失落感。许多新娘子抱怨：恋爱时，男朋友总是主动请求约会，到家门口接，送到家门口；会牢牢记住自己的生日和情人节，送上精心挑选的红玫瑰，大献殷勤；闹矛盾的时候，不管谁对谁错，总是小心翼翼地赔不是……可结婚后，却像变了个人似的，不像以前那么好了。其实，并不是男方不好，只不过他认为，成了家就该养家立业，只卿卿我我怎么行呢？于是他将很大的精力给了工作与事业，自然不像以往那么殷勤了。另外，恋爱时双方都注意给双方以良好的印象，较少显露出弱点和不足。婚后，随着生活的深入和时间的推移，双方各自的弱点逐渐暴露出来，也容易出现感情的摩擦、引起心理失落。解决这个问题，最关键的是双方要互相理解和体贴，不要强迫别人按照自己的意愿行事；要正确理解并接纳恋爱和婚姻的差别，努力达成激情与琐碎生活的平衡。

性格与生活习惯的磨合

新婚之后的一段时间是两个人的"磨合期"。性格须要磨合，生活习惯也须要磨合。生活是由许许多多具体的生活琐事组成的。两个人的家庭出身、文化背景、性格特征、兴趣爱好都不尽相同，生活在一起难免发生矛盾。比如，一方喜欢整洁而另一方喜欢乱放东西；一方不修边幅而另一方有"洁癖";一方节俭而另一方却大手大脚等。所以，许多新婚夫妇经常为鸡毛蒜皮的小事争吵，伤害了夫妻感情，破坏了家庭和谐，甚至会闹离婚。婚后"磨合期"一般至少要半年至一年。这段时间内，夫妻双方要正确认识"磨合期"内矛盾的必然性，尽量站在对方的角度去看问题，欣赏对方优点的同时也要接纳对方的缺点。不要太固执，要学会容忍、变通。

化解自由与责任的冲突

步入婚姻，必须负起应有的责任和义务。恋爱时虽然也须要负起一定的责任，但毕竟比较自由。比如，你把女朋友送回家后，还可以和其他好朋友一起去酒吧喝酒，去KTV唱歌。结婚以后就不行了，如果丈夫经常要和朋友一起喝酒、打牌，把妻子抛在脑后，妻子当然不能接受。结婚前，女孩除了享受男朋友的殷勤，回到家还能享受爸爸妈妈的照顾，吃喝不愁。结婚以后，妻子通常在下班后还要做饭，如果下班后就躺在床上吃零食、看电视，全然想不到丈夫下班后的饥肠辘辘，矛盾就难免了。还有，如果你的爱人在家是老小或是独生子女，在家时一般都是别人想着他（她），那他（她）的责任心多数要差一些，结婚后就不怎么懂得为别人着想，矛盾也可能要爆发出来。矛盾是在所难免的，关键是双方要相互体谅，化解责任与自由的冲突。总之，结婚以后，双方都不能再"为所欲为"，要增强责任心，只有做一个像样的妻子或丈夫，婚姻才能持久。

排除羞涩感

由于受传统观念等因素的影响，即使是长时间热恋的情侣，初次性交时双方也都会带有一定程度的羞涩感，而这种羞涩感女性又重于男性。丈夫应该主动通过动情的话语和爱抚打破这种羞涩的气氛，排除性交前的心理障碍。

新婚夫妇如果初次性交顺利、和谐、欢愉，就会品味到新婚的幸福和甜蜜，甚为满足。如果不顺利或没有快感，就可能产生失望感。反复多次之后，就会影响美满婚姻的情感基础。新婚性生活不顺利是很正常的，新婚夫妇一般要经过 3 ～ 4 周之后才能有满意性交。一时不顺利，不能抱怨妻子不行或丈夫无能，更不能因此灰心失望。双方应降低初夜期望值，不断总结经验、改进方法、密切配合，一定会很快达到满意的程度。

婚姻不是爱情的坟墓，也不是浪漫的爱情童话，它是实实在在的生活。生活中不能没有锅碗瓢盆、油盐酱醋，婚姻中的不和谐、矛盾要由夫妻双方共同化解。幸福美满的婚姻需要夫妻共同创造。

经营你的婚姻

结婚以后，才发现"两人世界"其实没有想象中的那么浪漫，不仅平淡如水，而且有时还烦琐得吓人，时间长了，竟毫无激情，甚至有的婚姻早早地触礁了。那么，如何经营你的婚姻呢？

我们来看看周女士是如何经营她的婚姻的。下面是她的自述：

我跟丈夫结婚已经 6 年了，快要接近所谓的七年之痒。我和丈夫的婚姻依然很热络，我想这是我们一直互相投诉的结果。

刚开始婚姻生活，丈夫的各种奇怪生活习惯就被无限扩大，凸显在我面前。甚至有天开始我觉得他只要一起床，我的噩梦就开始上演。

他一爬起来就要大咳好几声，漱口声音又是一阵轰雷，喝茶、吃面很大声……总之有那么多的"看不惯"。跟他也不止说过一次，他每每表示会改，却老也不见行动。我们的上下班时间不是很合拍，我回家时他已睡着，他起床时我还在梦中。后来我从杂志上学了个办法，把他的缺点，一个个写在小纸条上，临睡前压在床边。我很高兴第一天的纸条就见效了。后来他也给我写起了纸条，什么老是晚回家不太好，什么一直不做饭家里好寂寞等等。我们彼此的投诉从此一发不可收拾。我们都把投诉当作一回事，我们的婚姻一直经营得很好。

周女士的这种投诉法比起喋喋不休的互相指责好了许多，既有实效又为对方保留了面子，有时甚至还带点儿浪漫。

美国心理学家卡奇特·沃利斯坦在研究的基础上推出《美满婚姻》一书。书中收集了大量的"好婚姻"的例子，总结出8条"好婚姻"规则。这本书在美国引起轰动，成为一本热门畅销书。这8条规则如下。

（1）结束过去，重新开始。

（2）不要只想自己，随时准备作出让步。

（3）性是婚姻的基础，设法改变不协调情况。

（4）找出时间来两个人独处，结婚后依然是情侣。

（5）幽默有特殊的意义，学会日常遇到麻烦的时候开个玩笑。

（6）想出解决矛盾的办法，不要忍耐或动武。

（7）学会处理家庭危机。

（8）双方互相支持。

有句话叫"平平淡淡才是真"，这得到了许多"围城"中人的认同。可是，你想过吗？如果你尝试改变一下，你的婚姻生活就会焕发新的生机。

去掉思想负担

许多夫妻将婚姻看得过于严肃，日子过得十分刻板。像对待工作那样严肃地对待婚姻，过于认真反而成了婚后的精神负担。

制订轻松自然的计划

要为自己创造条件，挤出些时间，放下烦心的事，去做喜欢做的事情。比如：外出散散步，休息日去公园玩玩，晚上烛光下共进晚餐。

给爱人一个惊喜

做些你配偶意想不到并且能显示出你一直惦记对方的事情。曾有一位妇女记住了这样一件事儿：一个春天的早晨，她醒来时发现床头有一朵鲜艳的玫瑰花，这是她丈夫起大早为她采来的，这是他们花池里开放的第一朵玫瑰花。

在一起大笑

许多夫妻婚前经常在一起开怀大笑，但婚后这笑声却越来越少了。他们忽视了欢笑可以重新充实夫妻之爱。其实夫妻可以记住白天听到的有趣事儿、小笑话，晚上讲给对方听。经常在一起分享笑话的夫妻，在一起持久生活的可能性更大，因为幽默能使人欢乐。

幽默地戏谑

有暗示意味的戏谑性语言能超越时间，唤起某些感人的事情。亲切的戏谑具有动人的力量，可以增进夫妻感情。伴随着亲切的爱抚，激情的拥抱，夫妻间用幽默的语言说出我仍然深爱着你，比用平常的语言表达要好得多。

若即若离

夫妻间保持若即若离的距离，即结婚了也保持恋爱时双方的相对独立性和自由度，可大大提高相互的吸引力。这种距离可分为两种：一种是有形的，另一种是无形的。前者是指夫妻在时间和空间上的间歇性暂时分离，后者是指夫妻在充分信任的基础上尊重对方的隐私权，不干涉对方正常的社交活动，给对方充分的合理的社交自由。俗话说"小别胜新婚"，夫妻间保持适当的距离，可获事半功倍的呵护婚姻的效应，可避免夫妻间因长期耳鬓厮磨而产生矛盾与厌倦。

神秘浪漫

妻子时不时给丈夫来点儿"罗曼蒂克"的小把戏，适度给丈夫一点儿小悬念，可有效地引起丈夫好奇与吸引丈夫注意。一般情况下，爱情的小"陷阱"能创造意外的惊喜，能营造婚姻的浪漫气息。另外，妻子保持少女时那种"犹抱琵琶半遮面"的害羞与含蓄，还可给丈夫遐想的空间，让丈夫不时如雾里看花，这种朦胧美可使妻子更富有魅力。

把情趣带入性生活

婚后的性生活陷入"例行公事"或程式化状态的可能性很大，这是个最难改变的事情。性生活的情趣是多种多样的，惬意的性生活不总是刻板的，动人的爱抚，涉及性方面的含蓄的谈吐，也能增加心理愉悦。

夫妻生活不能在沉默中度过，不然会感到婚姻生活单调、乏味、麻木，把情趣带进婚姻，你会觉得生活变得妙不可言。

婚外恋的典型心态

如今，越来越多的家庭出现婚外恋，究竟是一种什么心理促使这些人越过传统的防线，远离自己的家庭呢？根据心理学家的调查研究发现，出现婚外恋主要是基于以下几种心态。

补偿心理

有的人因为夫妻关系向来不和，或者夫妻分居，寂寞难耐，或者因为双方中的一方有生理缺陷，生理上得不到满足，因而便主动在外寻找第三者或乐意接受第三者予以补偿，从而形成婚外恋。其实，性生活并非夫妻生活的全部内容，只要夫妻之间加强联系，感情上多沟通，心里想念对方，生活照样充实，又何须补偿？

贪财心理

还有的人因为贪图对方的钱财，就不顾自己的人格和尊严，主动委身于对方，以换取对方的钱财，从而形成婚外恋。

岳某出生于偏远农村，自小家境十分贫寒。15 岁的她就开始在外面闯荡，到 23 岁的时候她已小有成就。当所有人都以为羡慕她时，却突然听到她是某港商包养的二奶，她的所谓的那些成就也是在港商的帮助下取得的。后来，港商夫人得知实情后，要港商立即与她断绝关系，最终，岳某离开了港商，而自己也变得一无所有。

其实，人的尊严和人格是无价之宝，钱财乃身外之物，又何必用无价之宝换取区区几个铜板呢？另外，财资丰厚者也应切忌，既然对方贪图的是你的钱财，又何必对对方产生恋情？

欠情心理

也有人因为有一种欠情心理，走上了婚外恋之路。有些有情人最终未能成眷属，双方各自成家，或一方成家后另一方不愿成家依然在心里想着对方，当一方生活困难或夫妻感情不和时，另一方觉得还欠着对方的情而主动投入旧情人怀抱，旧情复萌，从而产生婚外恋。

枫和岚是高中同学，在高二那年，两人互相爱慕，产生了恋情。高三毕业时，成绩相当好的枫选择了同岚报考同一所普通高校。然而事不凑巧，当枫顺利进入这所高校后才发现，那位心爱的女孩岚却参加了补习。第二年岚考上了某重点大学。由于身处两地，他们的关系淡了。然而事隔多年岚一直忘不了当初为了自己放弃美好前程的枫。婚后的某一天，他们在某个城市不期而遇，枫仍旧单身一人，岚甚觉愧疚，为了"偿还"当年的情债，她主动与枫发生了关系，并且一直保持这种关系至今。

岚正是处于欠情心理，发生了婚外情。其实，天下有情人未必都能成眷属，既然双方已各自成家或对方已成家，就应面对现实，珍惜现实夫妻感情，当对方生活有困难或夫妻感情不和时，用婚外恋来报答对方的情，与其说是帮助对方，倒不如说是害对方，于事无补。

图貌心理

有人因为贪图女方的美貌或男方健美的身躯，主动示爱，从而产生婚外恋。其实外表美会随着年龄的增长自然消失，只有心灵美才是永恒的，像美酒一样，时间越长越醇香。因此，最要紧的是要善于发现配偶的闪光点，献出自己一片真情，这样，情人的眼里自然会有西施出现。

报恩心理

有的人因为生活有困难而得到对方帮助，或者因丈夫长期在外，家庭长期得到对方照顾，自己无以为报，只好献上身体，从而产生婚外恋。其实，既然对方诚心帮你，就不图你的回报，对方对你有恩，你心里记得就行了，何必献上自己的身子？如果因此影响双方的家庭，岂非好心办坏事？

报复心理

有的夫妻因为一方有外遇，又不听规劝，另一方为了报复对方，主动寻求第三者，从而产生婚外恋。其实，既然知道对方有外遇是错误的，自己为何又去寻找第三者，岂不是明知故犯？况且，婚姻自由，离婚也自由，如果感情确已破裂，且无和好可能，不如离婚算了，好聚好散，做个朋友也比报复对方强。

好奇心理

有的夫妻生活平平常常，有人便觉得平淡无味，而影视男女主人公却与情人爱意缠绵，浪花迭起，过得有滋有味、潇洒自在，自己也想体验一下这种生活，于是，在这种好奇心理的驱动下，产生婚外恋。其实，平平常常才是真，不要这山望着那山高，身在福中不知福。

享乐心理

有的人因为受不良思想的影响，或者受淫秽影视书刊的影响，认为人生在世，吃喝玩乐，趁着年轻，应该及时行乐，因而滥交异性，从而产生婚外恋。其实，性解放及淫秽影视书刊是害人的毒素，我们每个人都应自觉予以抵制，树立正确的道德观和人生观，不能错将砒霜当白糖。

相悦心理

有的男女因为工作上相互帮助、支持，久而久之，双方产生好感，两情相悦，从而产生婚外恋，其实工作上的好帮手，未必能成为生活中的好夫妻，既然双方在工作上互相帮助、互相支持，为何不像兄妹姐弟一样相处呢？

互利心理

有的人因为工作上的制约关系，互相利用，互相勾结，合伙作案，成了一根线上的两只蚂蚱，双方谁也离不开谁，从而产生婚外恋。俗话说得好："手莫伸，伸手必被捉。"一旦东窗事发，锒铛入狱，这样的婚外恋只好到监狱去"恋"了。

家庭中的心理学

家庭环境与孩子的心理健康

未来社会需要身心全面发展的人才，他不仅要具有高智商及丰富的知识，而且还应该具有健康的心理和健康的体魄。而心理健康是关系到一个人成功与否的关键。有专家研究表明：早期的经验与儿童的心理健康有重要的关系。简单地说，家庭生活的情绪气氛和教养方式决定了人类的儿女是否将从一个个体的婴儿发展到一个社会化的成人，因此，适当的家庭教养方式和健康的家庭氛围为儿童社会性发展奠定了基础，也对儿童心理健康的发展和稳定产生重要的影响。

家庭是孩子在人生旅途上的第一站，对人一生的成长具有十分重要的作用。孩子最初的经验来自家庭，这将决定他是否有安全感、被爱等情感，或者是焦虑、憎恨等情感。研究指出，家庭气氛中有一些因素对儿童的心理健康具有特别重要的影响。

有一些家庭会产生紧张的弥漫态度的情境，例如：家庭成员不和睦、家庭经济管理混乱、家庭成员的不健康的爱好、经济或社会地位的实际丧失或有丧失的危险等。在气氛紧张、父母关系不和谐的家庭里，父亲和母亲都处于极大程度的情绪紧张状态，他们常常是烦恼不安、性情暴躁、言语粗鲁，对长辈缺少孝敬甚至虐待。对于还没有独立生活能力、完全依赖父母的孩子来讲，这样的环境容易造成情绪紧张，为父母关系失调而慌乱、憎恨，为忠实父亲还是母亲而烦恼和疑惑。紧张的家庭人际关系破坏了应有的温馨的家庭气氛，使孩子长期处在负性情绪中，又缺少温暖和关爱，容易使孩子形成孤僻、自私、玩世不恭等不良品质，对孩子的心理健康产生负面影响。

一个健康的家庭，父母双方应该彼此相爱，热爱孩子，关心孩子的兴趣、能力和志趣，愿意设法帮助孩子，使他了解父母。家庭成员之间能互相尊重爱护、以礼相待，为人处世通情达理，使家庭气氛安定和睦、融洽温暖、民主平等、愉快欢乐。但想要促进孩子心理健康，仅有良好的家庭人际关系还是不够的，还要形成最佳的亲子关系：父母要和孩子一起游戏，一起学习，发展共同的兴趣，和孩子共享经验和成果，增进父母和孩子之间的感情和相互之间的了解。父母要把孩子作为平等的人，尊重孩子的爱好，给他一定的自主权利，让他有决定权，有些事情可以和孩子商量，征求孩子的意见。例如：有一位母亲在买菜时买回了一条青虫，女儿要饲养，母亲没有阻止女儿的行为，而是配合女儿在饲养青虫的过程中，引导女儿观察、探索，逐渐使女儿知道了青虫的蜕变，明白了青虫的习性，最后消灭了青虫。在父母的鼓励和帮助下，孩子探索世界的兴趣日渐浓厚，而探索过程中的成功体验也增强了孩子的自信心，发展了孩子的坚持性。父母要营造温暖和睦的家庭气氛，切莫在孩子面前争吵甚至大打出手，要慎重对待夫妻离异，不要意气用事轻易闹离婚，对孩子的教育要多诱导，少训斥。总之，丰富健康的家庭生活、和谐融洽的家庭气氛有助于孩子健康心理的形成和稳定。

此外，父母的期望对孩子的心理健康也有重要影响。

家长的期望有强烈的暗示和感染作用。从心理学来讲，期望是一种心理定式，家长对子女的态度激励着儿童不断向前发展。美国著名心理学家罗森塔尔的研究表明：教育者的期望对受教育者有重大影响。因此，父母对子女的美好期望是家庭教育中必不可少的，家长的期望越高，对孩子的激励越大，就越能强化他们接受教育的主动性和自觉性，有利于儿童意志品质的锻炼，形成远大的抱负。需要说明的是，这种期望是有一定限度的，必须符合儿童身心发展的特点，适合他们的兴趣和爱好。

曾有报道，一个初三的小女孩竟然在中考来临之际在父母的饭菜中偷偷放了老鼠药，结果其母因抢救无效死亡，父亲经抢救活了下来。而她这样做，原因是父母要求她一定要考上某重点中学，而她的成绩与重点高中的分数线相去甚远，父母平时又经常责骂她成绩不好，却忽视了女儿成绩不好有多方面原因，没有和孩子沟通，对孩子的教育缺乏关心，没有耐心和细心，一味责怪和数落女儿，以至于被父母"贬"得无地自容后滋生的自卑感深深地笼罩着她，于是就想到把父母毒死以争取自由，悲剧就这样发生了。

由此可见，如果家长盲目攀比，过分拔高对子女的期望，不但起不到积极促进作用，反而会使孩子屡遭挫折，丧失信心，形成消极心理。科学合理的期望应该是长远与阶段目标相结合，还要联系孩子的兴趣爱好，注重孩子的全面发展。父母所要求孩子做到的应该是孩子经过一定努力可以达到的，并在孩子遭遇挫折时不断给予鼓励，增强孩子的勇气和自信，这样逐渐提高要求，并且将父母的关心、爱护渗透其中，就会使孩子从父母长期的美好愿望中汲取力量，不断进取，从而促进和维护儿童心理健康。

父母的教育方式及对子女的教养态度对儿童的心理健康也有一定的影响。现在许多家长都热衷于替孩子们做他们能做的事，实际上这样会使孩子失去实践的机会。例如：妈妈常对牛牛说："儿子，你是妈妈唯一的宝贝，是妈妈的一切，妈妈愿意为你做最大的牺牲。"结果，牛牛 4 岁了，妈妈还是整天喂他吃饭，给他穿衣穿鞋。牛牛上幼儿园了，他却这也不会做，那也不愿学，而妈妈还是一如既往地替他做事，渐渐地会使牛牛感到自己不如别人，他将面临一个陌生的世界，他开始逃避责任，这样下去，会使他缺乏责任心和自信心，对他的成长极为不利。那么，父母怎样的教育方式和教养态度才能有助于形成孩子的健康心理呢？父母采取民主型的教育方式和教养态度能有助于孩子形成健康的心理。

在民主型家庭中，家长平等地对待、尊重孩子，家长与孩子能相互交流各自的看法，对孩子不成熟的行为进行限制，并坚持正确的观点，使平等尊重与适当限制相结合，有利于孩子独立性、自信心与能动性的养成，具有直爽、亲切、爱社交、能与人合作、讲友谊、爱探索等特点。因此，父母要爱孩子，理解孩子，并用合理、科学的教养方式和教养态度来对待孩子。民主权威型的教养态度是比较可取的教养态度，父母只有充分尊重孩子，从孩子的生理、心理特点，个性差异出发，因材施教，这样才有可能达到你所期望的教育效果，有利于孩子身心健康发展。

孩子的成长离不开家庭，一切善良、美好的品质和优良的素质都是首先在家庭中萌芽的。因此，我们可以毫不夸张地说，为了孩子的健康发展，为了家庭的幸福美满，父母应努力追求合理、积极的教养态度，创设良好的家庭环境。

父母要重视孩子的心理健康

以往人们认为，所谓健康就是没有病症，即身体检查找不出哪一部分有病态的症状。随着人类社会的不断进步，人类逐渐认识到人是一个身心的统一体，人的健康不仅仅是没有身体疾病，而且应该是心理同样没有不正常现象。

当我们培养孩子的时候，常常只注意孩子的生理健康，而忽略了孩子的心理健康。

如何能够使自己的孩子从小就保持身心的全面健康，这肯定是所有的家长们都关心的问题。现在许多大学生离开父母以后，产生了一种精神上的休克状态。觉得没有安全感，产生各种精神障碍，包括神经衰弱、各种各样的神经症，都与我们从小不注意孩子的心理健康有关系。曾看过一些报道，有些中学生离开父母甚至不敢独自睡觉，有的大学生因不适应大学生活而放弃了学业，甚至有人因为害怕离开父母后无依无靠而放弃了出国留学的机会。

现代社会，很多望子成龙、望女成凤的父母只重视子女的学业成绩、只关心子女的身体健康，存在着重智轻德，重身体锻炼轻心理保健的误区。个别家庭，不仅不能意识到孩子的心理需要，而且面对子女的反常行为往往采取粗暴简单的教育方式；有的父母则在孩子成长中面临各种生理、心理问题时不能及时地给予指导和帮助，导致子女产生心理障碍。

曾有一位女生倾诉："我是一名初二女生，不知道怎么了，自从上了初中，我和我的父母总是说不到一块儿去。我的母亲一直对我要求很严格，无论大事小事都跟我一讲再讲，有时甚至婆婆妈妈、唠唠叨叨，简直让人受不了；我的父亲工作地点离家较远，只在周末才回一次家，但他也只偶尔问问我的学习，从不与我谈心，也从不带我出去玩。我有时想，我的父母怎么不像其他同学的父母呢？但父母还总是口口声声说是为了我好……"

无独有偶，一位母亲则说："我的孩子上了初中后，简直像变了一个人。平时，我们都忙于工作，上下午和晚上孩子都在学校，只有到周末一家三口才能聚在一起，但在一起的时候孩子很少同我们谈心。上次孩子过生日，他请了很多同学到家里来，却要我和他爸爸到外面去吃饭。有时，对他的学习、生活多说几句，他就显得十分不耐烦，有时甚至还要和我们顶嘴……我真不知道，他心里在想什么？"

另一位粗心的妈妈还讲了这么一件事："一天，自己刚上初一的女儿放学回到家一改往日看电视的习惯，径直到自己的房间睡起觉来。吃饭的时候发现她无精打采、心不在焉，而且与平日饭桌上谈笑风生也不同，好像有什么心事。我问她是不是生病了或是否在学校里受了委屈，她也总是摇头。过了两天，班主任老师找上门来，说孩子这两天总是沉默少言、郁郁寡欢，上课也明显不认真，总看到她发呆。老师还以为家里发生了什么事，所以特地来家访。后来这位母亲发现孩子躲在卫生间洗衣服时才明白发生了什么事。"

一些父母忽视了子女的心理需要。而另一些父母则人为地为子女制造了心理负担。一位初二的女生说，她的母亲每到她考试前就说："你给我好好复习，好好考，如果考砸了，让你吃不了兜着走。"结果，这位女生从小学开始，如果哪回大考（期中或期末考试）没有达到她母亲的要求，都会受到妈妈的打骂，上了初中仍然这样。这位女生说，"我怕考试"，"事实上每次我都想考好，而且每次我考差时都希望有人能帮我分析原因"，"考试考不好，老师的白眼、同学的讽刺我都可以接受，但没想到我妈也另眼看我，我还有什么信心把学习搞好呢？"

更可怕的是，很多家长总是以成人的心态来强迫生理、心理都尚在成长期的子女去做成人才能完成的事情，忽略了成长中的子女的学习能力和特殊的心理需要。一次家长会时有一位母亲大倒苦水："我儿子每天放学回家总是不愿做作业，总要拖到很晚才做。他一回家不是躺在沙发上看电视，就是一个人躲在房间里玩游戏，我想劝他好好学习，可他怎么都不听。"其他几位在场的家长也表示自己的孩子也是这样。

其实，家长望子成龙、望女成凤的心态可以理解。但事实上很多家长对子女的教育与学习要求超过了子女的生理和心理承受能力。并且，当孩子达不到预期的目的（如考试没考好）时，"恨铁不成钢"的父母总是更加责难孩子不认真、不努力，甚至打骂孩子。结果造成的恶果是：子女怕学习、行为习惯也不好；在学校与同学关系不好，对老师的教育反感；在家里与父母的关系更是一团糟。有些学生因此形成恶性循环，最终学习成绩一落千丈，与家长最初的愿望背道而驰。

因此，父母要高度重视子女的心理健康。那么，如何来判断自己的孩子有没有心理问题呢？我们可以通过观察来了解：心理健康的孩子性格开朗，活泼主动，好奇心强，跟父母的关系融洽，主动与父母、老师沟通，同学关系好，是非观念强，自觉性强，学习欲望强烈不厌学，面部表情愉悦，精力充沛，善于交友不孤独等。如果你的孩子在近期没有上述这些表现或者很少时，就说明他很有可能存在心理问题，需要引起你的重视。

当然，家庭重视子女的心理健康不可简单化，要避免走入以下几个误区。

把心理健康神秘化

有些父母对发生在子女身上的心理问题大惊失色，对子女的行为疑神疑鬼，把心理问题框框化，在探寻原因时也把主要原因归结在孩子身上，没有也不会从自身、从家庭、从亲子关系去寻求原因，过分地依赖心理辅导教师协助解决子女心理问题，而自己却束手无策。

排斥心理健康教育

有些家长没有认识到心理健康在子女成长过程中的地位和作用，也不愿意接受这方面的宣传教育，不相信自己的子女会出现心理障碍，把他们的过失行为、违规行为统统视作对其管教不严所致。对子女的某些需要不加选择地满足或根本不理睬，常常拒绝他人对其子女的心理帮助或轻描淡写地处理子女的心理问题。

知行冲突

有些家长能充分认识到心理健康对子女成长的作用，也能从自身出发，在做好自己的心理状态调适的过程中，选取对子女的心理保健途径和手段，但或因工作原因，或因个人性格等因素，对子女进行心理保健并不能切中要害，或不能持之以恒，有的则采取教训的口气强迫子女接受或要求子女仿效自己处理问题的方式。

现代家庭必须重视子女的心理健康教育。尽管目前尚无统一的模式可供借鉴，但是，家长可以广泛涉猎子女保健的常识，建立和谐的亲子关系，平等地同孩子交流，及时地发现并正确地指导孩子在成长期的行为变化和心理变化。同时，学习青少年心理保健的一些有益的方法，在自己、老师、孩子的共同努力下，给予子女恰当的心理保健，使你的孩子成长为一个身心健康、全面发展的人才。

正确把握各自在家庭中的角色

有关婚姻的质量问题，有关学者认为主要存在三个等级：优质婚姻、婚姻亚健康状态和不良劣质婚姻。其中优质婚姻表现为夫妻关系充满活力，能够经受挫折和风雨，夫妻之间感情和谐稳固，永葆真爱激情依旧，珍惜欣赏婚姻生活里的点点滴滴，丈夫或妻子对婚姻的付出感受到的是美好体验。婚姻亚健康状态表现为夫妻双方能维持婚姻生活，感受到婚姻的酸甜苦辣，婚姻生活感觉不适或不是自己想要的，夫妻关系不自如，婚姻生活缺乏活力和麻木的情形。不良劣质婚姻表现为婚姻危机、婚外情、婚姻暴力（热暴力和冷暴力），婚姻生活下的夫妻双方或一方痛苦麻木，在婚姻边缘徘徊，夫妻之间陌生、冷漠、冲突、伤害。具有持续性或经常性特点。

造成不良劣质婚姻的原因多样，其中有一个很特别的原因是夫妻双方没有把握好自己的家庭角色。

肖扬与丈夫结婚半年以来，一直在实行婚前制订的婚姻契约。结婚前，他们都认为婚姻契约和夫妻 AA 制是实现男女平等和婚姻自由的"最高境界"，这样可以保持恋爱时期的状态，可以在享受自由的同时感受不到婚姻的压力。

肖扬以为这样的婚姻才是最幸福的，可是她却总也找不到一家人的感觉。结婚以后他们各自仍旧干着婚前各自的事情，很少在一起吃饭，唯一改变的就是每天可以见一面，但连这种亲密感似乎也不曾长久存在。丈夫与她越来越疏远，最近都会很晚才回来，问他理由，他总是说忙，肖扬感到了一丝恐慌。

在又一个寂寞的早晨，肖扬偶然在丈夫的枕头底下发现了一本厚厚的日记，她不想偷看，但按捺不住的好奇心仍驱使她打开了日记。

3月5日

结婚几个月了，我没有了那种新鲜的感觉，我仍旧还是我自己，我与她之间我感觉不到渴望中的那种亲密，我不能拿她当成我自己……我不知道女朋友与老婆之间有什么区别，因为，直到现在我也没有感觉到老婆的存在，我也不知这是怎么了……

3月26日

我的收入仍旧是自己掌管，有时候我主动给她买了一些东西，她也要跟我算清楚。她说，她自己不是要靠男人养的那种女人，她自己的工资够她生活的了。我知道她的收入比我少，但我没有了做丈夫的感觉……

4月7日

我和她吵架了，因为昨晚我勉强了她，她说我不能勉强她，她说男女是平等的，她也有享受与拒绝的权利，不知为什么，我的鼻子酸酸的。想想与她恋爱的过程，她真称得上是个好女人，她从来没有对我有什么过分的要求，恋爱时我们在一起吃饭也一直是AA制。我知道她是有教养的知识女性，很有自尊，也很高雅，但我现在讨厌这种令人压抑的高雅了。我觉得她很冷，没有我要的那种温暖……

5月1日

好不容易放了七天假，她却出去玩了，把我自己留在家里。我在酒吧和朋友混了七天，突然觉得没有了她，我一样生活。我突然间感到了一种悲哀，我为自己难过，结婚半年多了，我似乎仍是单身……

肖扬看着不由自主地哭了，她发现自己犯了一个致命错误。他是那种渴望家的男人，渴望做丈夫的那种男人，他要的不是平等，也不是所谓的自由，他要的是温暖。在他斯文的外表下面，有一种征服与归属的欲望……而这些最简单的东西，自己却没能给他。这本日记也许是他故意留给她看的，也许他在试着挽回他们的爱情。

晚上，肖扬破天荒地下厨给他做了一桌美食。饭桌上，肖扬亲切地叫了丈夫一声"老公"，而在此之前，他们一直互叫名字。肖扬说："以后，你的钱让我管吧，因为我们得攒钱买房了。"丈夫笑了。她说："你是男人，以后记得早回家，因为你是有老婆的人。"丈夫的眼睛里有了泪花。他问她是不是看了他的日记，她没有说话，只是说："我是明白了要怎样做你的老婆。"

肖扬与她丈夫之间之所以会出现危机，是因为他们没有把握好自己在家庭中的角色，尤其是肖扬。好在她后来及时发现了问题并作出了调整，才使得他们的婚姻得以继续。

良好的婚姻是一种人生互助关系，或是由于有一方缺乏独立性需要另一半照料和引导，而不是领导与被领导关系，也不是相互独立、互不干涉的关系。

心理医生认为，夫妻关系与婚姻的心理治疗是心理治疗的重要方面，不良的心理会破坏婚姻。夫妻关系出现裂痕的原因，既有来自夫妻两人关系本身层次的问题，也有来自夫妻各自家庭背景、子女、第三者介入婚姻、民族与文化差异等各个方面的问题。夫妻双方都有各自不同的文化背景和不同的性格特征，彼此应该互相体谅和宽容。家庭是社会的细胞，将家庭建成幸福的港湾，无疑将对千千万万夫妻的身心健康，工作与事业发展，以及社会的安定都有重大意义，而这无疑需要千千万万夫妻的共同努力。家是夫妻共同的港湾，需要夫妻双方共同建设。在家中，夫妻双方要正确把握自己的角色，避免进入误区。

饮食中的心理学

餐桌上的心理卫生

现代社会，随着生活水平的提高，人们越来越注意饮食的卫生，讲究饮食的营养，但却很少注意餐桌上的心理卫生。

现代医学研究和大量临床资料表明，胃溃疡、神经性厌食、幽门痉挛、糖尿病、胆石症、高血压、冠心病和精神病等多种疾病，与人们忽视就餐时的心理卫生有关。这是因为，人在极度紧张和恐惧不安的心理状态下，消化液的分泌显著减少，胃肠蠕动失调，食管、胃、肠的括约肌会强烈收缩，从而引起食欲锐减，甚至恶心、呕吐和其他消化紊乱的症状。长此以往，人体器官会受到严重损害而患病。

虽然餐桌上的心理卫生和人的身心健康有很大的关联，但是很多人还是忽视了餐桌上的心理卫生。有些人因为琐事生了闷气，吃饭时也不顾忌，边吃边生闷气，结果把食物和"闷气"一起吞进肚子里。再比如，有些夫妻喜欢在餐桌上谈论家庭琐事，最后发展到口角甚至打骂的地步。还有些家长特别喜欢在餐桌上询问考试成绩和学习生活，稍有不悦，就开始教训甚至大声训斥孩子，使可怜的孩子边流泪边吃饭，全家也都跟着不愉快。另外，还有些人一边吃饭一边看书，或者端着饭碗跑到电视前面看电视等。这些都是不讲究餐桌心理卫生的典型例子。

那么，应该如何保持餐桌上的心理卫生呢？要注意做到吃饭前尽量保持心情愉快，排除心中的不悦，不去想一时难以解决的矛盾，更不要谈论不愉快的事；尽量将进餐环境布置得洁净、安静一些，切莫杂乱、肮脏，并要避开噪音，否则会引起心绪烦躁，不利于食物的消化；情绪不好时，要尽量避免进食，应该等到情绪好转时再吃饭；进餐时不要看书、看电视，可播放一些悦耳柔和的轻音乐，但注意音量不宜过大；进餐时不要争辩问题，更不要争得面红耳赤。

家长在吃饭时经常要求孩子讲究卫生，孩子吃东西前也要让他把手洗干净。但是，家长很少关心孩子在吃饭时的心理状态，也不太注意他是不是心情愉快地把饭吃完。

要保证孩子在餐桌上的心理卫生，家长要做到以下几点。

保证孩子在吃饭前心情平静

如果孩子刚刚进行了一项较为剧烈的活动或游戏，那么他一定很兴奋，家长这时候让孩子吃饭会影响他的食欲。家长要让孩子在吃饭前的一段时间停止正在进行着的运动，保证他在一种平静的状态下吃饭。

另外，孩子因为年龄小，很容易受到外界因素的干扰。他可能因为与小朋友发生了一点儿矛盾而不愉快，也可能因为没有拼完拼图而显得沮丧。对于家长来说，孩子的这些事情显得那样不值一提。但是，对于孩子来说，这些事情就是很大的事情了。所以，家长一定要细心观察孩子的情绪变化，找出原因，积极地加以引导，让孩子在吃饭前恢复到正常的心理状态，没有烦恼地、愉快地吃饭。

不要在吃饭时说一些不愉快的事情

有的家长喜欢在吃饭时数落孩子，即使是美味佳肴，孩子此时也没什么胃口了。家长管教孩子是应该的，但是在吃饭的时候教育孩子就是大错特错了。事实上，在吃饭时教育孩子，这不仅让孩子在心理上感到很紧张，还会影响到他生理上的发育。

有些家长在工作中产生了很大的压力，或受了委屈，一旦孩子在饭桌上有了某些小毛病，家长就把孩子当成了出气筒，冲孩子发脾气。长此以往，孩子会觉得吃饭不是一件愉快的事情。孩子可能会以肚子疼、饭不好吃为理由而拒绝吃饭。

其实，家长完全可以在吃饭时讲一些愉快的事情，让桌上的美味变得更加可口。在吃饭的时候，一家人谈论着令人愉悦的事情，还可以进行情感上的交流。需要提醒家长注意的是，在夫妻两个人说话的时候，千万别冷落了孩子。家长不要只谈工作上的事或生活中的琐事，选择的话题要尽量和孩子有关。家长不要对孩子说"你吃你的，别管我们"之类的话。其实，孩子是非常想和家长聊天、谈心的，他希望家长能够解答自己心中的困惑。

让孩子专心地吃饭

1.吃饭时，家长最好给孩子安排一个固定的位置。有的孩子不好好吃饭，在这儿坐一会儿，在那儿站一会儿，于是家长就追着他，给他喂饭。孩子看到家长这么做，就把这样的吃饭方式当成了游戏，哪里还有心思专心地吃饭呢？

2. 在吃饭时关掉电视。电视节目丰富多彩，很容易吸引孩子的注意力。一旦孩子养成了吃饭时看电视的习惯，就很难将它改掉了。另外，家长不要在孩子吃饭时给他讲故事，也不要让他听收音机。

3. 家长不要在孩子吃饭时给他布置需要饭后马上完成的"任务"。在吃饭时，家长不要对孩子说："你快点儿吃，吃完了赶快去写作业！"这样，孩子不是一心一意地在吃饭，而是脑子里带着"任务"在吃饭，他不会吃得很踏实。

不要在吃饭时给孩子心理暗示

面对一桌子的菜，有的家长会对孩子说"这种菜你可不能多吃，吃多了会拉肚子"之类的话，还有的家长自己喜欢吃哪种菜或者不喜欢吃哪种菜表现得十分明显，这给了孩子一定的心理暗示。孩子会不知不觉地按照家长的好恶来选择自己要吃哪种菜，不要吃哪种菜，时间长了，孩子就会挑食、偏食。所以，家长在吃饭时不要将自己的好恶表现得过分明显，而且也不要过多评论菜肴。

饮食喜好与人的心理

从一个人的饮食喜好可以看出一个人的心理特征。例如，有的人心情沮丧的时候喜欢大吃大嚼，通过大吃大嚼来化解心中的闷气，就像《瘦身男女》中的那对痴男怨女，把失恋的痛苦化作一团团肉丸、一张张肉饼、一块块肥肉塞进了自己的胃里，最后胖得连门都出不去了。而有的人在心情不好时却一点儿胃口都没有，什么东西也吃不下去，只是"为伊消得人憔悴""衣带渐宽终不悔"。为什么会这样呢？秘密就在于饮食同每个人的性格、气质以及心理有着必然的关系。英国行为心理学家通过大量的研究发现，人的性格与饮食喜好有很大的关系。

嗜辣的人脾气火暴

观察一下你身边的人，如果他（她）是一个嗜辣如命的人，那他（她）一定比较"泼"。嗜辣的人脾气通常比较火暴，这类人在性格上多属于"多血质"型。他们待人往往热情大方，但发起脾气来也很吓人，就像长老了的朝天椒，嚼一个在嘴里耳朵都会辣得嗡嗡作响。在地域上，四川、湖南、贵州、云南这些地方的人比较嗜辣，而这几个地方的人的脾气大多和这里的辣椒一样火爆。

喜欢吃甜食的人性格温和

有些人比较喜欢吃甜食，这些人的性格往往比较温和，在性格上多属于"黏液质"型。他们为人谨慎，在处世上比较保守，不愿意冒险。在地域上，上海、江浙地区的人比较嗜好甜食。甜食滋养出的"上海好男人"大家一定不陌生吧。女人若要嫁个"上海郎"那就里里外外都不用操心了。上海男人通常既会挣钱又精于家务，不足之处就是缺少那么一些男子气概。

喜欢吃大米的人经常自我陶醉

喜欢吃大米的人，经常自我陶醉、孤芳自赏，对人对事处理得体，比较通融，但互助精神差。

喜欢吃面食的人意志不坚定

喜欢吃面食的人，能说会道，夸夸其谈，不考虑后果及影响，但意志不坚定，做事容易丧失信心。

喜欢吃油炸食品的人勇于冒险

喜欢吃油炸食品的人则勇于冒险，有干一番事业的愿望，但受到挫折即灰心丧气。

喜欢吃清淡食品的人喜欢交际

喜欢吃清淡食品的人则注重交际，善于接近他人，希望广交朋友，不愿单枪匹马。

喜欢吃酸性食物的人不善交际

喜欢吃酸性食物的人有事业心，但性格孤僻，不善交际，遇事爱钻牛角尖，没有知心朋友。

口味偏咸的人比较稳重

喜欢吃咸味食物的人待人接物稳重，有礼貌，做事有计划，埋头苦干，但比较轻视人与人之间的感情，有些虚伪。

食物和心理每时每刻都发生着关系，这从我们的平常生活就能看出来：形容女人埋怨男人对别的女人眉来眼去叫"吃醋"；我们心情愉快的时候总觉得心里"甜甜"的；我们伤心的时候流下的是"苦涩"的泪水。酸甜苦辣咸，这五种味道都能找到相应的心情对应词。人常说一方水土养一方人，现在看来一种饮食习惯也造就一类人。

饮食与情绪

人要维持生存，就必须不断地从外界摄入营养物质。

众所周知，人的大脑重量虽然仅占人体的 1/50，但它却占有人体摄入总营养量的 1/5。葡萄糖、氨基酸、维生素以及矿物质在大脑中，通过神经传递器的代谢活动，成为思维、记忆等诸多精神活动的基本介质。如果大脑缺乏这些营养物质，人的情绪以及精神活动就会受到破坏而出现焦虑、抑郁、幻觉……甚至精神分裂症等异常的现象。由此可见，食物不仅决定着人的生命和健康，而且还决定着人的情绪。

食物供给状况影响人的情绪

在日常生活中，人们常常对自己的情绪不佳而感到莫名其妙，饭前情绪正常，饭后便激动或焦虑起来，特别是喝酒后，大多数人都会在酒精的作用下兴奋起来。究其原因，就是食物供给不平衡使人的情绪发生了变化，科学家们通过升高血压乳酸浓度来降低血糖的方法，使情绪完全正常的人出现紧张、激动、焦虑、惊恐等现象的实验，验证了食物对饮食心理乃至整个精神活动的影响是客观存在的，食物影响着人的精神活动。

科学家们还了解到，含有烟酸及维生素 B6 的食物，含钙、镁、锌等矿物质的食物有抗焦虑的作用。因为这些物质是促进睡眠反应血清素链结构中必需的物质。因此，有人建议，当失眠时，可不必服用安眠药，在临睡之前服几粒钙片，也可在一定程度上起到催眠的作用。

食物的调整可改变人的情绪

有人研究了 50 多名躁狂抑郁症病人，发现他们体内的细胞中盐浓度极高，原因主要是与患者摄入微量元素钒有关，钒破坏了人体电解质平衡。于是，科学家给一些病人服用大量的维生素 C。结果，服用维生素 C 的病人症状有明显的改善，不再忧虑和躁狂。

英国科学家在研究食物对精神分裂症的影响时发现，10% 的精神分裂症患者对小麦、大麦、燕麦等食物中所含的麦胶蛋白特别敏感。因此，科学家安排给病人吃无麦胶食物，结果，许多精神病症状很快消失了。

此外，有研究发现，儿童多动症与饮食也有关联。美国医生芬格尔德在他 1975 年所写的《为什么孩子患多动症？》一书中认为，孩子的多动症，是食品添加物的影响所致，食品黄色染剂、水果及食品中的水杨酸等均能导致多动症。当他们给多动症的儿童吃不含有食品添加物的简单食物（鱼、肉、蔬菜、奶制品）之后，孩子的多动症明显改善。

再有一些精神疾病患者与正常人摄入同样多的维生素，但排泄的却非常少，因为精神疾患使大脑对维生素的需要量增加。所以，医生对精神病患者使用维生素类药较多。

总之，不论老人的孤独症，还是儿童的多动症，都与饮食，特别是食物有着直接的关系。现代科学已经肯定了饮食对情绪的决定作用，每个正常人也都有这种体验。除此之外，食物还对人的其他方面的心理活动发生作用，只不过没有对情绪作用得更直接、更明显罢了。

合理的膳食可缓解心理压力

我们每天都需要从外界摄入一定量的食物以维持身体每天所需，但你是否知道，合理的膳食结构不仅可以使一个人养成良好的性格习惯，而且能够在一定程度上缓解心理压力。

心理学家及营养学家经过几十年的研究发现，人的心理和情绪状态颇受食物因素的影响。

有位美国科学家发现，含糖量高的食物对忧郁、紧张和易怒行为有缓解作用，这可能与体内血管收缩素"5-羟色胺"有关。当人食入碳水化合物之后，这种血管收缩素便会在大脑中不断增加，使人的精神状况越佳。

德国营养学家福尔克·帕德尔教授研究发现，新鲜香蕉中含有能够帮助大脑产生"5-羟色胺"的物质。这种物质类似化学"信使"，能将信号传送到大脑的神经末梢，使人的心情变得安宁、快活。倘若你遇到难题，思虑过度或紧张不安，甚至严重失眠的话，不妨在睡觉前吃点儿香蕉，喝点儿脱脂牛奶或加蜂蜜的麦粥，这些香甜可口的食物会帮助你顺利入眠，且能让你睡得更安稳。

当一个人心理压力过重、情绪欠佳之时，体内所消耗的维生素C会比平时多8倍。此时不妨多食些高含维生素C的新鲜水果和蔬菜，或者服用适量的维生素C片，这样会有助于消除精神障碍，使心情得以好转。

此外，富含维生素B类的食物，如粗面粉制品、谷物颗粒、酿啤酒的酵母、动物肝脏及水果等，对纠治心情不佳、沮丧、抑郁症亦有明显的效果。特别是B族维生素类有一种烟酸更能减轻焦虑、疲倦、失眠及头痛症状。

当无名火攻上心头，无缘无故地想发脾气的时候，如能尽快吃些富含钙质的食物，如牛奶、乳酪、鱼干及虾皮之类，或者直接服用肠道容易吸收的钙片，过不了多久，你便会感到自己的脾气渐渐变得好了起来。

一个人要想控制不良情绪，保持健康的精神心理状态，除了要加强学习，注意修养，维持和谐、良好的人际关系外，还要善于选择能够改善低落情绪的膳食，让有益身心的食物帮助你转换情绪，消除心理障碍。尤其对比较容易罹患更年期忧郁症的中老年人来讲，恰当运用食疗法，则更有助于他们从低沉忧郁的心境中解脱出来，使其能够更好地生活。

当你心理压力过大或情绪不佳时，你不妨试着改变饮食结构，合理安排饮食，因为合理的膳食有助于缓解你的心理压力，改善你的情绪状态。

人际交往中的心理学

人际交往中常见的不良心理

人际交往是人类的基本需求之一，是人们社会生活的重要内容之一。各种不同层次需求的满足、自我的发展、心理的调适、信息的沟通、人际关系的协调等，都离不开人际交往。没有人不希望交往，每个人都希望通过交往建立起和睦的家庭关系、亲属关系、邻里关系、朋友关系、同事关系……

可是，在实际的交往过程中，不会人人如愿，总是或多或少地存在着一些不尽人意之处。研究表明，那些具有良好人际关系的人一般具有坦诚、乐观、幽默、有活力、聪明、有个性、独立性强、能为他人着想等个性心理特点，而那些不太受人欢迎的人具有以下心理特点：自私、自负、虚伪、自卑、斤斤计较、猜疑、依赖、羞怯、固执、没有个性等。大家不妨对照一下自己，扬长避短，利于建立良好的人际关系。

自卑心理

自卑是指自我评价偏低、自愧无能而丧失自信，并伴有自怨自艾、悲观失望等情绪体验的消极心理倾向。有自卑感的人总是轻视自己，认为无法赶上别人。自卑是人生最大的跨栏之一，每个人都必须成功跨越才能达到人生的巅峰。如果一个人生活在自卑之中，他就选择了一条痛苦的人生之路；如果生活在自信之中，他就学会了快乐地生活。在人际交往中，自卑情绪往往会成为相互沟通和了解的最大障碍。

有些人容易产生自卑感，甚至瞧不起自己，只知其短不知其长，甘居人下，缺乏应有的自信心，无法发挥自己的优势和特长。有自卑感的人，在社会交往中办事无胆量，习惯于随声附和，没有自己的主见。这种心态如不改变，久而久之，有可能逐渐磨损人的胆识、魄力和独特个性。

腼腆怯场心理

心理学认为，人进入青年时期开始注重自我意识，这种自我意识表现就是摆脱对父母、师长的依赖性，去自我独立地观察、分析、体验社会，在此同时开始注重别人对自己的评价、关心自我在别人心目中的"形象"。他们需要得到别人的承认，但同时又经常担心和怀疑自己的言行能否得到别人的承认，这种心理状态再加上缺乏临场经验，因此，在一些社交活动中，特别是在自己不熟悉的环境中，就表现出不自然、腼腆甚至怯场。其次，腼腆、怯场还与个人的性格气质有关，一般说来，属于内向型和抑郁型气质的人较多出现这种情况。

你去参加一个座谈会，这本是一个发表意见、影响别人、结识朋友的好机会。可是，一见到那么多的领导和专家名流，再一听人家的发言，你胆怯了："算了，不发言了，听别人的吧！"主持人突然提到你的名字，你丝毫没有精神准备，不得不断断续续地说上几句，最后连自己都认为"砸了锅"。

据说当球赛进行到紧张阶段时，教练和队员们也时常会畏惧怯场，但他们常会想办法对付。其中一个绝招就是用心去想"我的心情紧张，对方同我一样紧张，可能比我还紧张"。这样一想，自己反而会平静下来，沉着应战。

你也可以将这种方法用于社会交往中。慢慢地，就会觉得大庭广众之中发言是一种精神上的享受，是提高自身吸引力的法宝。

自傲心理

在人际交往中，有人处处唯我独尊，"老子天下第一"，趾高气扬，轻视别人，甚至贬低别人、嘲笑别人，听不进别人的意见。这种心理对于交际危害很大，这些人也很难与别人相处。

自傲的人喜欢过高地估计自己，只关心自己的需要，强调自己的感受。他们在交往中通常表现为妄自尊大、自吹自擂、盛气凌人，高兴时手舞足蹈、滔滔不绝，不高兴时会不分场合地乱发脾气，丝毫不考虑他人的感受，而且不愿和自认为不如自己的人交往。他们还容易过高估计和他人的亲密程度，有时候对人过于亲昵，说些不该说的话，会引起他人的反感。另外，有意思的是，自傲的人一旦遭受挫折，往往会变成自卑者。

自傲的根源是错误的自我评价。当然，与其成长环境也密切相关。

克服自傲心理，首先要学会尊重别人、善于发现别人的优点，以利于对自己作出客观评价。另外，还要学会严于律己、宽以待人。

猜疑心理

有猜疑心理的人，往往爱用不信任的眼光去审视对方和看待外界事物，每每看到别人议论什么，就认为人家是在讲自己的坏话。猜忌成癖的人，往往捕风捉影，节外生枝，说三道四，挑起事端，其结果只能是自寻烦恼，害人害己。

俄罗斯著名小说家契诃夫写过一篇小说。一个名叫切尔维亚科夫的小公务员，在剧场看戏时打了一个喷嚏，正当他感到轻松惬意的时候，无意间发现前排有一个秃顶老人正用手绢擦头，定睛一看，那人竟是一位老将军。惊恐万状的切尔维亚科夫不断地向将军道歉，本不在意的将军因看戏被搅扰，很是不满。此后，切尔维亚科夫陷入了猜疑与恐惧的深渊。他三番五次登门向将军赔礼，惹得将军忍无可忍，最后大发雷霆，将他逐出家门。切尔维亚科夫被吓得丢了魂，回到家里躺在沙发上死去了。

切尔维亚科夫之死的直接原因，毋庸讳言，还在于他自己。他的捕风捉影、胡乱猜疑，给他带来了沉重的不可承受的心理负担。真是世上本无事，庸人自扰之。

疑心是人际交往中的一大阻碍。疑心是一种不符合事实的主观想象。疑心还颇有点儿魔力，即你越向那个方向怀疑，就越会感到是那么一回事。事实上，它是引人离开理智的幽灵。

猜疑心理是一种由主观推理，而对他人产生不信任感的复杂情绪体验。猜疑心理是人际关系的蛀虫，既损害正常的人际交往，又影响个人的身心健康。

嫉妒心理

嫉妒也是交往中的一种病态心理。自从人类进入文明时代以来，嫉贤妒能这个怪物就从来没有绝种，它不时地变换着面孔和姿态，坑害善良的人们，到处留下它的恶名。在圣洁的科学殿堂上，有时它像飞短流长的雾，有时又如暴虐的风刀霜剑，摧残科学新苗，恣意扼杀人才。

一般的嫉妒不算什么大毛病，但若发展到恶性妒忌，就比较麻烦了。看到近旁的同事有了一点儿成就，得了一点儿名利，就眼红得要滴血。而自己苦于无长可施，又不能"取而代之"，便成天以阴暗的心理去窥伺别人，进而耍弄种种"捣鬼"的小动作，搞得对方无法工作。

嫉妒还会导致悲剧。曾有这样一则轶闻：号称"鬼才"的中唐诗人李贺，才华横溢，写出了上千首诗。李贺有个表兄，对他的诗才十分妒忌，一天乘他不备，把他的手抄本偷出来，"投诸溷中"。因此，传世的《昌吉集》，仅记下李贺后来追忆起来的 240 多首诗，约占其全部诗作的 1/4。这是中国文学史上的一个悲剧。

嫉妒，最容易发生在年龄、性别、职务、能力、水平相近的人之间。嫉妒的表现行为，就是破坏和拆台，而破坏、拆台则会影响团结，损害友谊。所以，看到别人事业上有了进步，或在某些方面超过了自己，请你不要嫉妒，最好的办法就是学习。学习别人的长处，增长自己的才干，通过自己的努力去超过他。

孤僻心理

孤僻心理是因缺乏与人交流而产生的孤单、寂寞的情绪体验。有这种心理的人，社交对他们来讲没有任何意义，而且乏味至极，他们从不愿与人交往，喜欢孤独。

有这种心理障碍的人，往往缺乏自我解剖的精神，不敢正视自己的弱点，相反，对别人要求却极其严格，缺少宽容精神，别人稍有自己不喜欢的地方就从心里拒之千里，这在现代社交中是十分不利的。在现代社会中想成就一番事业，与人合作交往是必不可少的。因此，这种心理应加以克服。

要克服孤僻心理，关键要在思想上解决问题。首先，不要过多地看到自己的优点和长处，而要更多地看到自己的缺点和不足，更多地看到别人的优点和长处，以此产生交往的强烈愿望，形成交往的动力。

其次，择友标准不能太严，即使你自己确实在许多方面比你所要交往的对象强，但"三人行，必有我师"，你总有不如别人的地方，总有需要别人帮助的地方，再退一步讲，你没有需要别人帮助提高和解决的地方，那你总需要进行情感的交流吧！总需要获得情感的输入吧！因此，对别人不能过于苛求。以上两个方面做好了，孤僻心理就会得到克服。

虚荣心理

在社交中有的人为了满足一时心理上的需要，就弄虚作假、文过饰非，企图以各种伪装的方式来获得其他人的重视。这种表现就是虚荣心理在作怪。其实，带有这种心理去社交是很不对的，它不但不会有助于你社交上的成功，反而会让你得到适得其反的效果。从某种意义上而言，虚荣是一种不成熟的心态，也是一种不自然的表现，看似能满足自己一时，但其有害的影响却很深远。

法国著名作家莫泊桑的小说《项链》是许多读者都非常熟悉的。小说中塑造的路瓦栽夫人的形象就是个爱慕虚荣的典型。路瓦栽夫人为了在舞会上大出风头而向朋友借了一条项链，结果不慎将项链丢失。为了赔偿，她节衣缩食，付出了十年的艰辛。路瓦栽夫人为了满足一时的虚荣，竟然付出了如此沉重的代价，这个惨痛的教训难道还不能令我们警醒吗？

在虚荣心理的作怪下，人会出现互相攀比的情况，而且这种情况多出现于女性身上。她们无所不比，穿着、家庭、相貌、收入等。当自己在某方面比别人优越时，就洋洋得意，看不起别人；当在某方面比别人差时，就自暴自弃，完全忽略了自身价值。为了掩饰自己的缺点费尽了心思，在交往中不把真面目拿来对待别人，这在社交中岂有不败之理？

世界中的每一个人都不是完美的，说不定在某方面就有缺点和不足之处，但这些不足和缺点并不是否定我们自身的总体价值，我们不必对它遮遮掩掩、耿耿于怀。用一颗坦荡的心来展示自我风采，这样在社交中才能立于不败之地。

封闭心理

在社交中，要想交到更多的朋友，必须放开自己的心理，以宽容、广阔的心灵接纳别人，而封闭心理则在社交中是十分不利的一种心理。

所谓封闭，就是把自己的真实思想、情感、欲望掩盖起来，试图与世隔绝。封闭心理严重的人，对任何人不信任，怀有很深的戒备。在交往中或者少言寡语，或者不着边际，从不与人推心置腹，给人高深莫测、不可捉摸的印象，像个"黑洞"一样，让人不敢接近，也无法接近。一般情况下，封闭心理严重的人不易交到知心朋友。封闭心理，尤其在青年人当中也是一个比较普遍存在的心理障碍。

克服封闭心理，必须更新观念。封闭心理的形成可能是受传统的自给自足的小农经济思想影响，因而不愿与人往来，必须改变这种观念。同时，要解除思想顾虑，不要怕公开了自己的思想、观点以及身世经历后，被别人轻视。一般情况下，向别人敞开心扉，人们更容易理解和接受你当前的行为，会更加和你亲近。

在人际交往中，除了上述的几种不良心理之外，以下一些不良心理对人际交往也是不利的，应当注意克服。

排他心理

人类已有的知识、经验以及思维方式等，需要不断地更新，否则就会失去活力，甚至产生负效应。排他心理恰好忽视了这一点，它表现为抱残守缺，拒绝拓展思维，促使人们只在自我封闭的狭小空间内兜圈子。

做戏心理

有的人把交朋友当作是逢场作戏，往往朝秦暮楚、见异思迁，且喜欢吹牛。这种人与人之间的交往方式只是在做表面文章，因而常常得不到真正的友谊和朋友。

利用心理

有的人认为交朋友的目的就是为了"互相利用"，因此他们只结交对自己有用、能给自己带来好处的人，而且常常是"过河拆桥"。这种人际交往中的占便宜心理，会使自己的人格受到损害。

自私心理

处处以自我为中心，只讲索取，不讲奉献。争名夺利，甚至损人利己。这种心理对于交际危害极大。它时时处处会伤害到别人，这种人永远也不会找到真正的朋友。

逆反心理

有些人喜欢标新立异，总爱与别人抬杠。不管什么事情，不管对与错，别人说好他偏说坏，别人说一他偏说二。逆反心理容易使别人产生反感和厌恶。

固执心理

固执心理犯了僵化不前的错误。固执的人抱残守缺、拒绝变化，只在自我封闭的狭小空间内兜圈子，即使道理已经很明了，他也拒绝承认错误。这样会有几个人愿意与之交往呢？

干涉心理

人人都需要一个自我心理空间，即使夫妻之间不也希望有一点儿自己的隐私吗？朋友更是如此。关系再好，也会有一个封闭的心理角落。可有的人，偏喜欢打听、传播他人的私事，还一厢情愿地"帮助"人家，实在是低俗和招人嫌的心理和举动。

仇视心理

有些人总是以仇视的目光对待他人，对不如自己的人以不宽容表示仇视，对胜过自己的人以嫉妒表示仇视，对和自己不相上下的人以中伤表示仇视……仇视心理使周围的人没有安全感，自然不愿意与之交往。仇视心理往往来自童年的不幸遭遇。

人际交往中的心理效应

生活中，我们每天都要跟别人进行交流，跟人交往，在交往的过程中，我们对他人形成了各种各样的印象，可这些印象往往并不能反映客观事实。为什么呢？是因为一些交往心理效应的作用。了解这些心理效应是有意义的：利用这些效应的积极作用，克服这些效应的消极作用，利于我们留给他人的好印象，建立良好的人际关系。

首因效应

"首因"也可以说是第一印象，一般指人们初次交往接触时各自对交往对象的直觉观察和归因判断。人际交往中，首因效应对人们交往印象的形成起着决定性作用。

初次见面时，对方的表情、体态、仪表、服装、谈吐、礼节等形成了我们对对方的第一印象。现实生活中，首因效应作用下形成的第一印象常常左右着我们对他人日后的看法。因为第一印象一旦形成，就不容易改变。初次印象是长期交往的基础，是取信于人的出发点。

因此，我们在人际交往中应该注意留给他人好的第一印象。如何做呢？首先，我们应该注意仪表，比如衣着要整洁、服饰搭配要和谐得体等；其次，我们要注意自己的言谈举止，为此必须锻炼和提高言谈技能、掌握适当的社交礼仪。

近因效应

人际交往中，人们初次见面时所留下的印象往往是深刻的，它对以后的交往有很大的影响，这是首因效应在起作用。而近因效应则是指近期所接受的刺激改变了以往的印象。主要是对熟人的感知，如果熟人的行为出现某些新奇表现，那么近因效应就会起很大作用，这时你往往认为某人"变了"。当然有变好和变坏之分了。"士别三日，当刮目相看"指的就是近因效应。

在与陌生人接触过程中，第一印象起重要作用，而熟悉的人在行为上表现出某种新异的动作，常常会影响或改变别人对这个人的根本看法。"此人原来很好，怎么他现在会这样无情无义了？"或者是听了一次报告，对报告人生动有力的结束词感到很新颖，或有新鲜感，就会对这个人有一种肃然起敬的感觉，逢人便会介绍"某某的报告真有感染力"，下次有他的报告还想去听。这表现了近因效应有莫大的魅力。所以在人际交往中，不论是首因效应还是近因效应，都会产生很重要的作用，它能使人们之间增进了解，互相加深认识，可以获得愉快的合作。我们要充分利用这种心理效应的作用。当然也要注意到它们的副作用，在人们相处中常常会看别人的缺点，对别人的某些品质或某种新异性，用固定不变的眼光去看、去评价，就会不利于人际的和睦相处，不利于调动人们的积极性、主动性和创造性。

光环效应

光环效应又叫晕轮效应，是指当一个人戴上美丽的光环时，顿时他就会变得身价百倍，人们不再顾及他的其他方面的不足甚至缺陷了，而一味地拜倒在这美丽的光环之下。

在人际交往中，光环效应是很重要的，光环具有无穷的魅力。在生活中常常遇到这样的事情：一个很不起眼的人，突然在某一方面一鸣惊人，很多人马上对他刮目相看，相继而来的是使很多追随者和崇拜者一拥而上。

光环效应之所以有威力，是因为它改变了人们的知觉评价。正如一些人在谈恋爱时，对自己所爱的人产生"情人眼里出西施"的感觉，即爱他（她）的一切乃至缺点，这是一种无条件的爱。乌鸦本是不招人喜欢的"不祥之物"，但因为爱上了一个人，所以连停在他屋上的乌鸦也爱得不行，这就是"爱屋及乌"之说了。

一个人如果被戴上美丽的光环，就变得一好百好了。什么是美丽的光环呢？美丽的光环主要指内在的美，如学识、人品等，人们在交往中十分看重这些信息。

在人际吸引中，我们要一分为二地对待光环效应。

一方面利用它，增加自己的吸引力，从第一印象做起，重在优化自己的个性，因为只有它才是持久吸引力的关键。

另一方面，要预防光环效应的副作用，特别是在与异性交往时，切记不可狂热，一个人某一方面的光彩不等于一切，更重要的是一个人的人品，这是真正的人格魅力。在人际交往的过程中，我们要善于倾听和接受他人的意见，尽量避免感情用事，全面评价他人，理性和他人交往。

皮格马利翁效应

我们在前面已经讲过了皮格马利翁效应，在人际交往中，皮格马利翁效应是指当你努力发现某人的优点并由衷地欣赏他时，你会发现他表现得越来越符合你所赞美的那种形象，反之亦然。

有这样一个小故事说明了人际交往中的"皮格马利翁"效应。

小玲的新任上司是因为在原单位人际关系紧张而调到他们单位的"正人君子"。小玲想，一个办公室就他们俩，如果两人关系处不好，这班就上得挺累人的。于是她就试着欣赏这位上司正直的一面，欣赏他的幽默感。结果，小玲的上司"不负厚望"，幽默得常常令她笑得两腮发酸！

由此我们可以这样通俗地诠释人际关系中的"皮格马利翁效应"：当你努力发现某人的优点和长处并且由衷地赞美他时，你就会看到他会表现得越来越符合你所赞美的那种形象；而你若将某人视为小人或恶棍的话，那么这个人就的确会以你所给他"画"的嘴脸来对待你。

这就是为什么同一个人会被不同的群体做出各异甚至相反的评价的道理。因此说，"皮格马利翁效应"是有正负的。就像老祖母告诉同山谷回声吵架的孙女那样："你对它友好，它也会对你友好的！"

刻板效应

我们在评判他人时，往往喜欢把他看成是某一类人中的一员，而很容易认为他具有这一类人所具有的共同特征，这就是刻板效应。比如，北方人常被认为性情豪爽、胆大正直；南方人常被认为聪明伶俐、随机应变；商人常被认为奸诈，所谓"无奸不商"；教授常常被认为是白发苍苍、文质彬彬的老人……

刻板效应在人际交往中既有积极作用，又有消极作用：积极作用在于它简化了我们的认识过程，因为当我们知道某类人的特征时，就比较容易推断这类人中的个体的特征，尽管有时候有所偏颇；消极作用常使人以点带面、固执待人，使人产生认识上的错觉，比如种族偏见、民族偏见、性别偏见等等就是刻板效应下的产物。

定式效应

定式效应也称作心理定式效应。心理定式，指的是人们在认知活动中用"老眼光"——已有的知识经验来看待当前事物的一种心理倾向。或许你听过这样一个故事：有一个农夫丢失了一把斧头，他怀疑是邻居的儿子偷的。于是他时刻观察邻居的儿子的言行举止，觉得没有一点儿不像偷斧头的贼。后来农夫在深山里找到了丢失的斧头，再看邻居的儿子，怎么也不像一个贼了。这个农夫就是受了心理定式效应的左右。

在人际交往中，定式效应常使人们对他人的认知固定化。比如，与老年人交往，我们往往会认为他们思想僵化、墨守成规、过时落伍；与年轻人交往，又会认为他们"嘴巴无毛，办事不牢"；与男性交往，往往会觉得他们粗手粗脚、大大咧咧；与女性交往，则会觉得她们优柔寡断、没有魄力；与一向诚实的人交往，我们会觉得他始终不会说谎；碰到了一向圆滑的人，我们定会倍加小心。知道了定式效应的负面影响，我们就应该注意克服，看待别人要"与时俱进"，要有"士别三日，当刮目相看"的精神。

人际交往中的一些技巧

人人都希望自己能在人际交往过程中游刃有余，都希望能拥有更多的朋友，能够与他人建立良好的人际关系。因此，在了解了人际交往的心理之后，掌握一些交际技巧对促进人际交往的发展是很有必要的，也是很重要的。

观察他人的技巧

对别人外表观察和语言分析的目的是推断其个性特征和内心世界，进而选择自己与其交往的方式和决定交往的深度。人们在长期的生活实践和社会研究中发现了一些具有一定实用价值的观察技巧。

1. 通过"口头语"判断他人的个性

人们在说话时经常自觉不自觉带出一些"口头语"，有些习惯性的"口头语"隐含着说话人某些方面的个性特征。如：

"这个""那个"，"嗯"反映出小心谨慎的特征。

"不瞒你说""老实说""真的"反映出有主见、办事注意实效的特征。

"没关系""不要紧"说明通情达理、开朗大方的特点。

"我告诉你""你听着"说明傲慢无理，好为人师的特点。

"基本上"反映出小心谨慎、注意分寸的特征。

"不见得"反映出自以为是的特点。

"其实"反映出倔强自负的特点。

2. 通过"笑式"推断他人的特征

笑的方式有多种多样，美国心理学家戈恩宁认为笑的方式可以反映个人的特征。例如：

开怀大笑的人坦率、热情、遇事决断迅速，但情感脆弱。

笑声干涩的人冷漠、现实、能洞察别人肺腑。

笑中带泪的人富有同情心、热爱生活、积极进取。

笑声尖锐的人富有冒险精神、精力充沛、感情丰富、乐观而忠诚。

笑声低沉的人多愁善感、易受别人左右和影响、易与人相处。

笑声柔和平淡的人性格厚重、深明事理、事事为人着想、善于处理人事纠纷。

"吃吃"而笑的人严于律己、富有创造性、想象力丰富、有幽默感。

笑声多变不定的人适应环境能力强。

3. 通过体态姿势推断他人的品质

体态姿势是人们在日常生活中形成的具有明显含义的习惯性动作，又称为身体语言，它是我们窥视其内心的窗户。

洛温博士曾推论：头的姿势是性格和品质的客观表达，如脖子伸得长的人可能有傲气；脖子缩着的人也许有点儿呆滞；有偏着头听人讲话习惯的人往往是乐于关心他人而且富于同情心的人；有走路不断回头习惯的人可能是安全感不足的人。

手和双臂代表的含意更为明显，如摆手表示制止或否定；手外推表示拒绝；双手外摊表示无可奈何；双臂外展表示阻拦；搔头皮或搔脖梗表示困惑；搓手或拽衣领表示紧张；拍脑袋表示自责；耸肩表示无可奈何。

建立良好人际关系的技巧

1.树立良好的第一印象

第一印象在人际吸引中具有重要作用。人们会在初次交往的短短几分钟内形成对交往对象的一个总体印象，如果这个第一印象是良好的，那么人际吸引的强度就大；如果第一印象不是很好，则人际吸引的强度就小。而在人际关系的建立与稳定的过程中，最初的印象，同样会深刻地影响交往的深度。因此，在人际交往中成功地树立良好的第一印象是十分重要的。

戴尔·卡耐基在《怎样赢得朋友和影响他人》一书中提出了 6 条建议：

（1）真诚地对别人感兴趣。

（2）微笑。

（3）多提别人的名字。

（4）做一个耐心的倾听者，鼓励别人谈他自己。

（5）谈符合别人兴趣的话题。

（6）以真诚的方式让别人感到他很重要。

2．主动交往

有一个丰富多彩的人际关系世界是每一个正常人的需要。可是，很多人的这个需要都没有得到满足。他们总是慨叹世界上缺少真情，缺少帮助，缺少爱，那种强烈的孤独感困扰着他们，折磨着他们。其实，很多人之所以缺少朋友，仅仅是因为他们在人际交往中总是采取消极的、被动的退缩方式，总是期待友谊和爱情从天而降。这样，使他们虽然生活在一个人来人往的世界里，却仍然无法摆脱心灵上的孤寂。这些人，只做交往的响应者，不做交往的始动者。

我们知道，根据人际互动的原理，别人是没有理由无缘无故对我们感兴趣的。因此，如果想赢得别人，与别人建立良好的人际关系，摆脱孤独的折磨，就必须主动交往。

3．移情

所谓移情，就是指站在别人的立场上，设身处地为别人着想，用别人的眼睛来看这个世界，用别人的心来理解这个世界。积极地参与他人的思想感情，意识到"我也会有这样的时候""我遇到这样的事情会怎样"，这样才能实现与别人的情感交流。这种积极地参与别人思想、情感的能力是一个深刻的交际心态的转变，是一种真正的交际本领，他会把自己和他人拉得很近，并能化解很多矛盾和冲突。而如果一个人不能很好地理解别人，体验别人内心的真实情感，他就不可能与别人发展深入的人际关系。己所不欲，勿施于人，这是移情的最根本要求。

维持人际关系的技巧

1. 避免争论

年轻人在一起喜欢讨论各种各样的问题，其间，难免会因意见不合发生争论，这是很正常的事。但是这些争论往往都是以面红耳赤和不愉快结束的。事实证明，无论谁输了，都会很不舒服，更何况争论往往会演化成直接的人身攻击，对于人际关系是非常有害的。因此，解决观点上的不一致的最好途径是讨论、协商，要避免发生争论。

2. 敢于承认自己的错误

尽管承认自己的错误是一种自我否定，但承认错误后你会感到很轻松。明知错了而不承认，会使你背上沉重的思想包袱，使自己在别人的面前始终不能理直气壮地昂起头。另一方面，承认自己的错误，等于变相地承认别人，会使对方显示出超乎寻常的容忍性，从而维持人际关系的稳定。

3. 不要直接批评、责怪和抱怨别人

卡耐基警告人们："要比别人聪明，但不能告诉别人你比他聪明。"任何自作聪明的批评都会招致别人的厌烦，而缺乏移情的责怪和抱怨则更有损于人际关系的发展。本杰明·富兰克林年轻的时候并不圆滑，但后来却变得富有外交手腕，善于与人应对，因而成了美国驻法大使。他的成功秘诀就是：只说别人的好处，从不说别人的坏话。要学会用提醒别人的方式，使别人感到我们并不认为他不聪明或无知。记住，只要你不伤及别人的自尊和自我价值感，就什么事情都好办。

4. 学会批评

不到万不得已，绝不要自作聪明地批评别人。但是，有时善意的批评是对别人行为的很有必要的一种反馈方式。因此，学会批评还是很有必要的。下面介绍几种不会招致别人厌烦的批评方式：

（1）批评从称赞和诚挚感谢入手。

（2）批评前先说自己的错误。

（3）用暗示的方式提醒他人注意自己的错误。

（4）领导者应以启发而不是命令来提醒别人的错误。

（5）保住别人的颜面。

5. 善于解决冲突

尽管人人都期望与朋友能够和睦相处，但有时往往事与愿违，朋友之间会发生一些令人不愉快的冲突。善于解决这些冲突会有效地防止人际关系的破裂。心理学家提出了能够有效地帮助人们控制和消除冲突的步骤：

（1）相信一切冲突都可以解决。

（2）客观地了解冲突的原因。

（3）具体地描述冲突。

（4）向别人请教自己的观念是否客观。

（5）提出可能的解决冲突的办法。

（6）评价这些办法，筛选出对双方都有益的最佳办法。

（7）尝试使用选择出的最佳方法。

（8）评估方法的执行效果，并适当加以修正。

人际交往中的自我调节

在漫长的人生旅途中，人不能不与他人打交道，人需要与他人建立一定的联系。在人际交往的过程中，我们难免会遇到复杂多变的情境，这就要求每个交际主体要学会自我调节。所谓自我调节，是指面对变化多端的交际情境，能及时作出适应性反应。能在交际中及时进行自我调节，控制交际局面，便可取得较好的交际效果。

那么，人际交往中怎样才能通过自我调节取得良好的效果呢？

在矛盾中能礼让

在人际交往中，发生矛盾是在所难免的。面对矛盾，如果一意孤行，不去想方设法解决矛盾，非要以自己的意见为准，必然会使矛盾激化。那些善于在交际中调节自己交际策略的人，必会千方百计使矛盾弱化。要弱化矛盾，办法并不难，其根本原则是礼让。我国是一个十分讲究礼让的国家，有与人交往礼让三分的优秀传统。事实上是：一旦交际中发生了意见分歧或者矛盾冲突，只要一方能礼让，问题大多数能得到解决。能在矛盾冲突时及时做到礼让，不是一种畏缩退让，而是在特殊的交际环境中策略的调整。由此可知：礼让，实际上是在矛盾冲突中寻找交叉点，有了这个交叉点，矛盾双方会因为都能接受使矛盾有所缓和。中国古代所谓的"中庸"之道，并不单是封建遗毒，实际是在教导人们在人际交往中要学会自我调节。如能中庸一些，必会以礼让为先。能礼让，即使有矛盾，也会因让步而化解。可见，礼让，作为一种交际调节行为，在交际活动中的作用不能忽视。

得意不忘形

常言道："人狂没好事，狗狂挨砖头。"生活中的得志者，最易得意忘形：或口出狂言，或行为倨傲，或目中无人，或自以为是。人在得意之时，也正是人们目光集中之日。这集中的，多是挑剔的目光。

这时，要想改善人际关系，便应当多些自控，少些得意忘形。得意忘形，也许自我感觉良好，但你的自我陶醉会使众人心理不平衡；多些自控，多认同大家的挑剔，用以平衡人们的心理，容易降低人们的失落感。如果没有这种自我省悟和自觉，得意忘形之日，便是失去群众之时。

有人被单位提拔，大家本来就心里不平衡，他却沉浸在喜悦之中不能自拔，且又有几分轻狂。本来他在单位人缘不错，但由于他得意忘形，失去了自控，提拔后反倒成了孤家寡人。分析原因，是他在得意之时，没有通过自我反省来平衡人际关系，故而好事反而成了坏事。

失意会自勉

人生在世，不可能永远一帆风顺，各种意料不到的挫折会时时困扰着你。如果你只想在生活中接受恩赐，想不到生活还会有波折，便不会有迎接意外的思想准备。想不到生活中有七灾八难，当不如意的事情突然来临，必然会惊慌失措。此时，如果和人交往，就难免捉襟见肘，牢骚满腹。人生失意，是生活之常，并不足怪。在失意时，一味怨天尤人，自不可取；把失意写在脸上，也大可不必。面对失意，如果能多些阿Q精神，想开一些，用精神胜利法来安慰自己，便很容易达到心理平衡。这种自我安慰似乎是消极了一些，但是，学会自我安慰，实际是对自己的一种自勉自励。能做到这一点，即使生活中有不如意的事情或者灾难突然来临，也不会惶恐不安，反而会因为能自我安慰而显得十分洒脱。宋朝著名文学家苏东坡，一生磨难，挫折颇多，但他能想得开，时时保持乐观的心态，倒也朋友满天下，一生不失风流。只要读一下他的生平传记及诗文，便不难发现他在人际交往中是多么高标独具。由此可见，失意时不自暴自弃，学会自我安慰、自我勉励是何等重要。你若能在得意时学会自我勉励，那你即使在失意时也能结交到五湖四海的朋友。

压力与心理

压力下人的生理反应

生活中，遭遇压力是不可避免的，人们在压力下通常会有一些生理反应和表现，通常人们的表现有：心跳开始加快；呼吸开始急促；肌肉紧张并准备行动；视觉变得敏锐；胃里打鼓；开始出汗……其实压力也不一定带来负面影响，压力可以是正面的，可以是有益处的，更可成为原动力，促使我们达到追求理想的生活目标。

若完全没有压力，人们可能停滞不前，没有进步。能否化压力为动力，取决于一个人的反应和处理方法，如果能适应转变、疏解压力，则压力反可激励斗志，开发人的才能和潜能，提高效率。

每一个人都经历过不同程度的紧张，如面临升学考试、第一次应聘、第一次在工作会议上发表个人意见、演讲或赴重要的约会途中遇上大塞车等。

无论导致紧张的原因是什么，当人处于紧张状态时，便会分泌受压激素，例如肾上腺素，并有以下的类似反应：呼吸急促，透气困难；心跳加速，口渴；肌肉紧张，尤其是额头、后颈、肩膀等部位的肌肉；小便频繁；不自觉的反应，胃酸分泌增加、血压升高、血液中化学物质的转变，如血糖和胆固醇的浓度提高、受压激素的分泌。这些身体征兆，像红灯一样，提示我们自己的身体已经进入紧张状态之中。

这些反应跟我们在洞穴居住的祖先一样，即作出"作战或逃避"的反应，在预备面对紧急事件时，作出快速的反应。例如，当人在森林中遇上正觅食的老虎，他作出的反应，可能是拔腿飞奔，或是留下与老虎搏斗，"作战或逃避"的生理反应能使你的身体有能力、快速和有效地作出反应。你可能也经历过赶工或赶功课，事后惊讶自己的高效率，这其实是受压时的生理反应在帮助你。

不过，受压时的生理反应是针对身体上的危机，而不是心理上的危机，更不是心理上的挑战或压力。在当今社会，我们所遇到的压力，大部分是心理或精神压力；当我们受压时，身体不一定能"作战"或"逃避"，尤其我们都是"有文化"的人，讲话和行事都要有文化、有教养。例如，当我们在工作中感受到压力，不能一走了之，更不能用拳头解决问题。

当我们感受到压力的时候，身体会本能地作出反应，但这些反应，却没有引起人们的足够重视，让人们忽略了，时间长了，渐渐累积在身体里，影响身体健康。长期性的压力，如果处理不当，就会导致身体上的不适，甚至是病痛（身心疲惫），又会使工作能力降低，影响人际关系。

什么是身心病？顾名思义，身心病是指由于情绪或性格而产生的生理疾病，是真正肉体上的疾病。身体和心理因素的关系不可分割，它们互相影响，心理健康受身体的健康状况所制约，而身体健康也受心理因素的影响。很多临床实践和研究显示，长期处于紧张状态之中的人，患上身心病的机会比较高。除了长期性的压力，压力的程度与身心健康的关系也非常密切。胃溃疡、高血压、心脏病、腰颈背痛、紧张性头痛、哮喘都是身心病的例子。有报告显示：压力引起内分泌和免疫系统失调，身体的免疫能力下降，是类风湿性关节炎、癌症等疾病的诱因。

压力对身体的影响，主要是由于人的紧张所带来的生理反应，没有充分被认识到，而作出积极的反应，使身体不断停留在一个亢奋的状态，就算压力消失，也不能回复松弛状态。

冠心病、瘫痪性中风、高血压等循环系统毛病与压力的关系并不难理解。由于紧张导致血管壁收缩，血压升高，血液中的胆固醇提高，长期如此便使循环系统发生毛病。精神紧张导致胃酸过度分泌，刺激甚至侵蚀胃壁，最终会演变成胃痛、胃溃疡。紧张性头痛、背痛及腰颈痛都是由于长期肌肉收缩所导致的。免疫力的降低引起哮喘和敏感。

当然，生活压力是这些病痛的其中一个成因，要预防身心病，其他方面的配合是非常重要的，如均衡饮食、多做运动等，都有助降低患上身心病概率，最重要的，是我们要学会为自己减压，不要让自己成为压力的奴隶。

压力对心理的影响

压力不仅影响人的生理，更影响人的心理。一定程度的压力有益于我们的心理成长，增加生活情趣，激发我们奋进，有助于我们更敏捷地思考，更勤奋地工作，更增强了我们的自尊和自信，因为有了特定的能够实现的人生目标。然而，如果压力超过最大限度，就会使我们身心俱疲，行为混乱。由于目标意义减少，并且毫无希望、难以实现，就会使我们感到自己是无用之人，毫无价值。如果反应持续太长，就会造成危害，使人垮掉。

在面临压力需要作出认知评价时，常常会出现一个停顿，一旦作出评价，便会有反抗（或应付）压力阶段，紧接着（如果拖延时间超出了个人的承受能力）就会是精疲力竭阶段。处于反抗阶段时心理作用会加强，从反抗到衰竭是个循序渐进的过程，而一旦衰竭，心理功能就彻底停止作用。

由于生理和心理作用密切相关，生理和心理能量不可分割，我们在生理上越感到衰竭，我们对压力的心理反应便越是衰竭，反之亦然。有些人只要一发现生理受损迹象，心理上也退却了。而另一些人则相反，他们靠意志力坚持着，哪怕超出了生理衰竭程度。

就压力的有益或有害的心理影响而言，有害影响也是因人而异的，我们将其影响分为对思考和理解的影响，对感情情感和性格的影响，如下所列：

难以保持聚精会神，观察能力减小，经常遗忘正在思考或谈论的事情，甚至刚进行一半就卡壳了。

对非常熟悉的事物记忆力和辨别能力下降，实际的反应速度减小，在处理和认知事物时错误百出，作出的决策令人怀疑，不能准确地评估现存的条件并预料后果。

对现实的判断缺少理智，客观公平的评判能力降低，思维模式变得混乱无章，幻想并加大压力所带来的病痛，健康快乐的感觉消失殆尽。

爱清洁、很仔细的人会变得邋里邋遢、马马虎虎，热心肠的人变得冷漠，已经存在的焦躁忧郁、神经过敏、自我防范充满敌意的性格更加恶化，行为规范和对性冲动的控制力减小（或变得非常暴躁），发怒的次数增加。

精神萎靡不振，一种不能对外界事物或内心世界产生影响的感觉油然而生，无价值的感觉增强。

人生目标荡然无存，由于假想病的产生，自己制造出许多借口，于是迟到、旷工成为家常便饭，对酒精、咖啡因、尼古丁成瘾。

把本属于自己的责任划出界外，在某些方面采取"事不关己，高高挂起"的态度，举止古怪，甚至产生"一了百了""活着无用"的念头。

这些反面影响是因人而异的，即使在遭受最大限度的压力时，也很少有人表露全部症状。严重的程度也是因人而异的，但这些症状的出现，说明个人已经达到或正在达到综合适应症候群的精疲力竭阶段。

学会给自己减压

不良压力危害人的生理和心理健康，威胁人生幸福，学会给自己减压是一堂人生必修课。减压可以有很多方法，下面的几种你不妨试试。

让瑜伽帮你的忙

瑜伽遐思冥想功能帮助我们放松自己，减慢呼吸，降低心率，减少耗氧量，缓解肌肉紧张，改善脑电波，从而让我们从容应对压力。如果借助香水和音乐，效果则更佳。

音乐冥想法

放乐曲，然后坐下或躺下，全身放松，闭上眼睛，集中精神呼吸，进入较深的意识状态。用整个身心去聆听，幻想音乐像潺潺的流水一样流遍你的全身，你会感觉到不只是耳朵在欣赏音乐，音乐已经进入了你的灵魂。

来自嗅觉和听觉的刺激会直接作用于我们的大脑，让我们的大脑暂时脱离于这个喧嚣的世界，安静片刻，让我们逃脱压力的包围，真正地和自己在一起。

减压的其他妙招

1. 做万一的打算。俗话说"不怕一万就怕万一"，要随时做好迎接困难和压力的准备。

2. 以勇气、信心和希望来面对问题。问题往往是隐藏在一个恐怖面具之后的机会。当你以信心、希望和勇气来应付它时，就可以把它转化为达到目的的敲门砖。

3. 面对问题而不逃避问题。当你面临一个难题时，别想着逃避它，逃避不能解决任何问题，你唯一能做的就是面对问题，找出解决的办法。

4. 认真了解问题。往往问题未获得解决是因为我们不了解问题的本质。把你认为的问题很简单地写下来，你会发现你所看到的常是问题的表面。

5. 以发问的方式来检查问题。在没看清楚整个问题前，不要立刻跳到结论。当你反复观察这个问题时，你会发现解决方法开始出现。

6. 想出几个可能的解决方法。在开始解决之前，你得有一个答案。很简单地把所有合理的选择列出来，跟那些你重视他们判断的人谈你的问题。

7. 立即采取行动。如果要采取非常措施，那就去做。两小时是无法让你跳过断崖的，我们需要的只是几秒钟的决定。宁可出错，也比什么都不做或拖延行动为好。

8. 事情过去后，面对下一次挑战。失败者会一再在问题中打转，但赢家会改变方向继续前进。有些解决方法也许需要很长时间，你也许会调整既定的解决方案以适合新的消息和情况，但不要半途而废。

减压必须坚持的 4 项原则

1. 建立自己的"支持网络"。任何时候，家人和朋友都是帮你缓解压力的最坚强的后盾和最牢靠的庇护伞。朋友们发自内心的关心和问候会让你觉得在这个世界上，不管发生了什么事，你都不孤独。所以平时建立一个自己的"支持网络"系统很重要，当你面临压力的时候，你就不会独自烦恼了。

2. 运动。运动可以让你忘却烦恼，增强你的抗压能力。所以不管你有多忙碌，也不管你的压力有多大，锻炼必不可少。

3. 多吃抗压食物。含较多维生素 B 的食物可以帮助你亢奋精神，如糙米、燕麦、全麦、瘦猪肉、牛奶、蔬菜等。含硒较多的食物可以增强你的抗压能力，如大蒜、洋葱、海鲜类、全谷类食物等。

4. 每天补充一粒维生素 C。维生素 C 能够有效消除压力，现代人绝不可忽视这个减压的好方法。

情绪与心理

情绪由需要而定

　　情绪是人对客观事物的态度的体验，是人的需要获得满足与否的反映。它是人对客观现实的一种反映形式，但不同于认识过程。认识过程是人对客观事物本身的反映，而情绪则是反映客观事物与人的主观需要之间的关系。需要是人的情绪产生的根源和基础。当客观事物能够满足人的需要时，就会使人产生积极的情绪，如考试取得好成绩会兴高采烈，得到梦寐以求的爱情会激动不已。反之，当客观事物不能满足人的需要时，就会使人产生消极的情绪，如失去亲人会悲痛欲绝，遇到危险会紧张恐惧，恋爱受挫会失望悲伤等。人类的需要是多种多样的，既有生理需要又有社会需要，既有物质需要又有精神需要，涉及方方面面，因而就会产生复杂多样的情绪。

　　可以说，情绪是人的需要是否得到满足的晴雨表。

当需要得到满足时情绪表现为喜

　　喜是一种愉快、高兴的情绪，由于需要的满足有助于人的生存和发展，可不再为之操劳、奔波和烦心，因而安宁、愉快、喜悦的心情便自然流露出来。此外，人的情绪还明显受到个性倾向的制约，凡与人的需要、兴趣、理想、信念相符合的事物都会使人产生愉快、满足和喜悦的情绪和情感，表现出欢迎、接纳的态度。反之，则会产生失望、不安、厌恶等不良情绪并拒绝、抵制与此相关的事物。人为了生存除了必须得到衣食住行等生活资料外，还需要精神生活条件，如学

184

习、劳动、文化娱乐、贡献等。因此，凡"需要"能够得到满足时，人就会表现出喜悦的情绪。

当需要得不到满足时情绪表现为愁、忧、怒

如果生存所需要的物质无法得到，就必然会影响生存和生活，也就会引起心理的波动而产生愁、忧、怒以及失望、不安、惧怕等情绪反应。因为人是社会性的高级生物，如果社会性的精神需要得不到满足时将产生同样的情绪反应。

《红楼梦》中，林黛玉虽寄人篱下，免不了敏感多疑，但她对宝玉痴心一片，期望得到宝玉的爱，希望能与宝玉成亲。一天，她无意中听到丫头雪雁在与紫鹃说悄悄话，雪雁轻轻告诉紫鹃"宝玉定亲了"。听罢，黛玉便感到头晕目眩，脸色苍白，好像被谁掷在大海里一般，跌跌撞撞回到了潇湘馆，从此一病不起，一日重似一日，太医治疗，全无效果。又一天，黛玉在昏睡中又听得雪雁与侍书在门外闲聊，说的又是宝玉的亲事，她俩说，宝玉没有定亲，老太太心里已经有了人了，这个人是"亲上加亲，就在园中住着"。黛玉心里寻思，这个"亲上加亲，就在园中住着"的人，莫不是自己吧？顿时心神觉得清爽了许多，病竟渐渐地好了。黛玉这一前一后截然不同的状态，正是情感需要满足与否的情绪反应。

由此可见，情绪由人的需要而定，当人的需要得到满足时，会产生积极的情绪体验，反之，人的需要一旦无法得到满足，便会产生消极的情绪体验。而情绪体验又会对人的身心健康产生重大影响，影响人的身体健康和心理健康。

不良情绪的调节

我们前面已经提到，人的不良情绪主要有两种：一是过度的情绪反应，指情绪反应过分强烈，如狂喜、暴怒、悲痛欲绝、激动不已等，超过了一定的限度；二是持久的消极情绪，指人在引起悲、忧、恐、惊、怒等消极情绪的因素消失后，仍长时间沉浸在消极状态中不能自拔。

大量的研究和临床观察表明，不良的情绪会危害人的身心健康。一方面，不良情绪的出现可能会使人的心理活动失去平衡；另一方面，不良情绪会造成人的生理机制紊乱，导致各种疾病的发生。

既然不良情绪会危害人的身心健康，那我们就要克服不良情绪，培养良好的情绪。那么，如何调节不良情绪呢？

转换认识角度

现实中，人们的许多情绪困扰并不一定是由诱发事件直接引起的，而是由经历者对事件的非理性认识和评价所引起的。如有的人在遇到一些不顺心的事情后，会以偏概全，或把事情想象得糟糕透顶，过分夸大后果。因此，主动调整认知，换一个角度去重新看待发生的事情，纠正认识上的偏差，就可减弱或消除不良情绪。比如，你被小偷掏了钱包，你很愤怒，"发泄"是不解决问题的，这时你应该换个角度想："破财免灾""塞翁失马，焉知非福"。这是自觉地、比较积极地从另一个角度重新思考，这是消除不良情绪的一个有效的方法。

积极的自我暗示

自我暗示是运用内部语言或书面语言的形式来自我调节情绪的方法。暗示对人的情绪乃至行为有奇妙的影响，既可用来松弛过分紧张的情绪，也可用来激励自己。如在学习成绩落后、恋爱失败、生理上有缺陷，或交往技巧缺乏等情况下，要使自己振作起来，就要克服消极的心理定式，进行积极的自我调整和改变。此时积极的心理暗示是很有必要的，如在心中经常默念："别人能行，我也一定能行""我能考好，我有信心""别人不怕，我也不怕"。要努力挖掘自己的长处及优点，在很多情况下此法能驱散忧郁和怯懦，使自己恢复快乐和自信。

合理宣泄

情绪的宣泄是平衡心理、保持和增进心理健康的重要方法。不良情绪来临时，我们不应一味控制与压抑，还要懂得适当地宣泄。

当生气和愤怒时，可以到空旷的地方去大喊几声，或者像屠格涅夫一样"在开口前把舌头在嘴里转上十圈，怒气也就减了一半"，或者进行比较剧烈的体育活动，如跑两圈、扔铅球等。

当过度痛苦和悲伤时，放声痛哭比强忍眼泪要好。研究证明，情绪性的眼泪和别的眼泪不同，它含有一种有毒的生物化学物质，会引起血压升高、心跳加快和消化不良等不良症状。通过流泪，把这些物质排出体外，对身体有利。尤其是在亲人和挚友面前痛哭流涕，是一种真实感情的宣泄，哭过之后痛苦和悲伤就会减轻许多。

言语暗示

语言是人类独有的高级心理功能，是人们交流思想和彼此影响的工具。语言的暗示对人的心理乃至行为会产生奇妙的作用。在被不良情绪所压抑的时候，可以通过语言的暗示作用，调整和放松心理上的紧张状态，使不良情绪得以缓解。比如，在发怒的时候，就重述一下达尔文的名言："人要是发脾气就等于在人类进步的阶梯上倒退了一步。愤怒是以愚蠢开始，以后悔告终。"或者用自编的语言暗示自己，如"不要发怒""别做蠢事，发怒是无能的表现""发怒会把事情办坏的""发怒既伤自己，又伤别人，还于事无补"。还可以在家中或单位悬挂字幅暗示自己。例如，禁烟英雄林则徐，为了控制自己的暴躁脾气，便在中堂挂了上书"制怒"的大字幅，随时提醒自己。在忧愁满腹时，则可以提醒自己，"忧愁没有用，要面对现实，想出解决办法"等。在平静、排除杂念、专心致志的情况下，进行这种言语暗示，往往对情绪的好转有明显的作用。

学会幽默

幽默是精神的消毒剂，是消除不良情绪的有效工具。当你发现遇到某些无关大局的不良刺激时，要避免使自己陷入被动局面或激怒状态，最好的办法就是以超然洒脱的态度去应付。此时，一句得体的幽默话，往往可以使你摆脱窘迫，使愤怒、不安的情绪得以缓解。不要针尖对麦芒，以牙还牙，激化矛盾。幽默是智慧和成熟的象征。学会幽默，乐观地面对生活，才能使自己快活起来，成为真正的强者。

升华

将不为社会认可的情绪反应方式或欲望需求导向正确的方向，将情绪、情感激起的能量引导到对人、对己、对社会都有利的方面。安徒生、贝多芬等人都曾在失恋之后，以更大的热情投入到文学艺术的创作之中，为人类社会创造出精美的传世作品。居里夫人在其丈夫因车祸不幸身亡之后，忍受着巨大的悲痛，把自己的情感升华到对科学的忘我追求之中，终于第二次获得了诺贝尔奖。

求助他人

培根说过："如果把你的苦恼与朋友分担，你就剩下一半的苦恼了。"不良情绪仅靠自己调节是不够的，还需要他人的疏导。人的情绪受到压抑时，应把心中的苦恼倾诉出来，如果长时间地强行压抑不良情绪的外露，就会给人的身心健康带来伤害。特别是性格内向的人，光靠自我控制、自我调节还远远不够，可以找一个亲人、好友或可以信赖的人倾诉自己的苦恼，求得别人的帮助和指点。在很多情况下，一个人对问题的认识往往是有限的，甚至是模糊的，旁人点拨几句，会使你茅塞顿开。这时人家即使不发表意见，仅仅是静静地听你说，也会使你得到很大的满足。别人的理解、关怀、同情和鼓励，更是心理上的极大安慰，尤其是遇到人生的不幸或严重的疾病，更需要别人的开导和安慰。将自己的忧愁和烦恼倾诉出来，不但会保持愉快的情绪，而且会增进人际交往，令你感觉到自己生活在爱的氛围中。

保持良好的情绪

人类之所以会产生种种的情绪，都是与人的需要满足与否紧密相连的。那么只要给予满足就可保持良好的情绪吗？表面上看是这样，然而，现实生活中不满足之事十有八九，很多时候连基本需要都难以满足。那么，良好的情绪如何得以产生和保持呢？况且，还有许多人类不需要的东西无时无刻不在侵扰着我们的生活，如生活事件、自然灾害、环境污染、战争等。凡此种种都将对人类产生心理压力，影响人类的身心健康，威胁人类的生命。

然而，面对困难所引起的同样的心理刺激，有的人致病，有的人却顽强地挺了过来，究其原因，不外乎两个字：情绪。一般说来，乐观、幽默、兴趣广泛、视野开阔的人，抵抗不良心理刺激的能力较强。这个道理看上去很简单，似乎人人皆知，但真正做起来却很难。

首先，人的行为容易控制，而心理、情绪却不易控制。饿了吃，困了睡，累了休息，不是自己的东西不能拿等这些都容易做到。然而，失去亲人谁能不悲伤？遭到打击、陷害谁能不愤怒？面临重大抉择谁能不焦虑？面对战争谁又不恐惧？其次，情绪是人的心理活动，是一种内心体验。它摸不着，抓不住，不可称，无法量，没有具体明确的标准。况且暂时心情不好，很难看出其潜在危害，疾病大多是日积月累的量变过程，难以及时察觉，因而不易引起重视。那么，在现代生活中人们应该怎样保持良好的情绪，做情绪的主人呢？

培养幽默感

幽默感常常可以使原来比较紧张的气氛变得轻松。研究发现，在问题面前，那些经常运用幽默作为应对机制的人，健康问题较少，而那些经常运用哭喊作为应对机制的人，健康问题就较多。

增加愉快的生活体验

我们要设法增加生活的情趣，增加愉快的生活体验。这样，即使偶尔遇到不愉快的事情，也不至于发生过于强烈的情绪反应。研究发现，增加令人愉快的体验，可以因此减弱消极情绪状态。

加强道德修养

在日常的生活实践和心理活动中，逐步认识和理解社会道德情感，形成正确成熟的道德观。心胸豁达，视野开阔，积极乐观，对待个人得失，能做到不贪求、不妄想，把握正直做人的准则，碰到不顺心的事，能以辩证唯物主义的观点剖析事物不利和有利的方面，做到思想通、情绪平、随遇而安、知足常乐。

培养业余爱好

业余爱好会把人的心绪引导到令人十分舒畅、欢愉的精神境界，琴棋书画、花鸟虫鱼、散步打拳、串亲访友、阅读书报……各种爱好可培养愉快平静的情绪和积极向上的精神，既可调剂生活，避免单调、枯燥，又可陶冶性情，还能起到使消极心态及时得到疏导的作用，有益身心健康。可以想象，当一个人把注意力全部倾注到自己所爱好的活动中去的时候，一切忧愁烦恼，自然会抛至九霄云外，此时，心理上的平衡，自然会很容易获得。

二战时期的美国总统富兰克林·罗斯福喜欢用集邮来调节自己紧张的情绪。他每天挤出一个小时把自己关在一幢房子里，摆弄各种邮票，借此摆脱周围的一切。去的时候，满脸阴沉，心情忧郁，疲惫不堪；离开的时候，精神状态完全变了，似乎整个世界都变得明亮了。

积极参与社会交往

保持良好情绪和心身健康的最佳途径，就是积极参与社会活动，多与人交往，为社会贡献力量的同时体现自我价值。研究证明，社会交往能使人产生积极的情绪体验，积极的情绪体验又会使人们更积极地与人交往，更好地适应环境与应对应急事件，从而形成一个良性循环。

凡事掌握适度，防止极端

不良情绪固然可以伤身，而喜乐之情，若过于强烈，也同样会对身体有害。"物极必反""乐极生悲"都辩证地说明了这一规律。所以，悲伤喜乐均应适度，要时刻保持冷静。遇悲伤之事，不可过于悲痛；惊恐面前，善于保持冷静；生忧思之情，切勿深陷而不能自拔，要面对现实，冷静、实际而恰当地处理问题。防止感情过分激动，保持情绪平和与心理平衡。

用适宜的方法宣泄情绪

宣泄情绪的方法很多，有些人会痛哭一场，有些人找三五好友诉苦一番，另一些人会逛街、听音乐、散步或逼自己做别的事情以免老想起不愉快的事，比较糟糕的方式是喝酒、飙车甚至自杀。要提醒大家的是，宣泄情绪的目的在于给自己一个理清想法的机会，让自己好过一点儿，也让自己更有能量去面对未来。如果宣泄情绪的方式只是暂时逃避痛苦，尔后需承受更多的痛苦，这便不是一个适宜的方式。有了不舒服的感觉，要勇敢地面对，仔细想想，为什么这么难过、生气？我应该怎么做，将来才不会再重蹈覆辙？怎么做可以降低我的不愉快？这么做会不会带来更大的伤害？根据这几个角度去选择适合自己且能有效缓解情绪的方式，你能够控制情绪，而不是让情绪来控制你。

人生路途上，曲折、磨难和逆境多于坦途、顺利和成功。为了摆脱精神枷锁，不妨试一试"舒心七法"：

1. 想一想。换个角度来讲，挫折和失败是对人的意志、决心和勇气的锻炼。人是在经过了千锤百炼才成熟起来的，重要的是吸取教训，不犯或少犯重复性的错误。

2. 走一走。到野外去郊游，到深山大川走走，散散心，极目绿野，回归自然，荡涤一下心中的烦恼，清理一下浑浊的思绪，净化一下心灵的尘埃，唤回失去的理智和信心。

3. 比一比。与同事、同乡、同学、好友相比，虽说比上不足，但也会比下有余。及时调整心态，以保持心理平衡。不因失败而失去信心，不因受挫而挫伤锐气。

4. 放一放。如果不是急事大事，索性放下不去管它，过几天再说，那时或许会有个更清晰的认识，更合理、周密的打算。

5. 乐一乐。想想开心的事、可笑的事；或拿本有趣的书，读几段令人开怀大笑或幽默风趣的章节。

6. 唱一唱。唱首优美动听的抒情歌，一曲欢快轻松的舞曲或许会唤起你对美好过去的回忆，引发你对灿烂未来的憧憬。

7. 让一让。人生如狭路行车，该让步时姿态高些，眼光远点儿，不在一时一事上论长短。正所谓退一步海阔天空。

性格与心理

性格对身心健康的影响

人们常说："性格决定命运。"由此可见，性格对人生有着巨大的影响。但是，你是否知道？性格对人的身心健康也有深远的影响。有人将性格比喻为生命的"指挥仪"和"导向仪"，由此可见，保持良好的性格对我们来说是多么重要。

世界上没有两个人是完全相同的，这不仅指人的外表，更主要是指每个人都有自己独特的性格特征。性格对人的心理健康有非常明显的影响，性格缺陷是造成心理障碍或精神失常的一个重要因素。

研究资料表明，各种精神疾病，特别是神经官能症往往都有相应的特殊性格特征为其发病基础。例如，强迫性神经症，其相应的特殊性格特征称为强迫性性格，其具体表现是谨小慎微、求全求美、自我克制、优柔寡断、墨守成规、拘谨呆板、敏感多疑、心胸狭窄、事后易后悔、责任心过重和苛求自己等。又如，与癔症相联系的特殊性格特征是富于暗示性、情绪多变、容易激动、喜欢幻想、以自我为中心和爱自我表现等。有人以癔症为例，对精神刺激因素和特殊性格特征这两种因素在造成心理障碍过程中所起作用的相互关系，用一个长方形来表示。长方形中的一条对角线将其分为两个三角形，上方的三角形表示精神刺激因素，下方的三角形表示特殊性格特征。如果与癔症相联系的性格特征越明显，则只要有较轻微的精神刺激因素即可致病。相反，与癔症相联系的特殊性格特征越不明显，则需要有较强烈的精神刺激因素的作用才能致病。此外，精神分裂症被认为是与孤僻离群、多疑敏感、情感内向、胆小怯懦、较爱幻想等特殊性格特征密切相关。

有些人平时特别容易激动，生活中一遇到困难或稍有不如意的事情，就整天焦虑、紧张，还有恐惧感，这种性格的人很容易得高血压疾病。

有的人生来乐观，而有的人却容易悲观失望，抑郁性格的人遇到一点儿不顺心的事就容易情绪消沉，对工作、活动丧失兴趣和愉快感，忧心忡忡，有时还有自杀念头，很容易得抑郁症。

乐观、知足、友善的个性和恬淡、平和的心态，能刺激人体释放大量有益于健康的激素。大脑可以合成50余种有益物质，指令自身免疫功能，其功能状况往往决定人对疾病的易感性和抵抗力。

恐慌、自我封闭、敏感多疑、多愁善感，或过于争强好胜，或过分追求完美，都容易造成内心冲突激烈、人际关系紧张，这种状况会抑制和打击免疫监视功能，诱发或加重疾病。

目前，医学上关于人的性格对一些心理疾病的影响是非常肯定的，比如刚才提到的抑郁症，还有其他神经性疾病，都和一个人的性格有关。

现在较公认的有以下四种性格与身体疾病关系密切：

1. 急躁好胜型。快节奏、竞争性强、易激怒、敌意、反应敏捷。这类性格的人容易得冠心病、中风、高血压、甲亢。

2. 知足常乐型。节奏慢、安静、顺从、知足、缺少抱负、不喜竞争、中庸、缺乏主见、多疑。这类性格的人容易得失眠、抑郁、疑心病、强迫症。

3. 忍气吞声型。过度克制压抑情绪、生闷气、有泪往肚里流。这类性格的人容易得肿瘤、内分泌紊乱。

4.孤僻型。冷漠、消极、悲观、独处、没有安全感。这类性格的人容易得心脏病、肿瘤、精神疾病。

由此，我们可以看出，性格与人的身心健康有密切的关系。如果一个人的性格是健康的，那么他的人生也会是快乐的、幸福的；如果一个人的性格是病态的，那么他的人生也会是痛苦的、忧伤的。如果一个人想改变命运、创造辉煌，就必须改变自己的不良性格。

《红楼梦》里才貌双全的林黛玉，就是因其性格多愁善感、忧郁猜疑，终于积郁成疾，呕血而死。《三国演义》里东吴的大都督周瑜被诸葛亮活活气死了。试想，如果身经百战的周瑜具有平稳的性格，岂能接二连三地中计以致气死呢？此书里的关羽，过五关，斩六将，英勇无敌，但最终他也因为刚愎傲慢，败走麦城而死。在现实生活中，性格的悲剧更是屡见不鲜。青年诗人顾城性格孤僻、心地狭窄，后来发展到畸形、扭曲、精神崩溃，最后他杀妻灭子后自戕其身，制造了一场惨绝人寰的悲剧。

不良的性格能给人带来悲剧，良好的性格能给人带来希望与辉煌。当代杰出的女作家冰心，一生淡泊名利，生活上崇尚简朴，不奢求过高的物质享受，不关心文坛上无谓的争斗。她在平和的环境中与人相处，在微笑中勤奋写作。她的健康长寿、事业辉煌都得益于其开朗、豁达的性格。

有人说："江山易改，本性难移。"其实这句话只说对了一半。人的本性是比较难改，但并不是不能改变的。美国人本杰明·富兰克林不仅对美国的独立战争和科学发明有过重大贡献，还因为他有很强的自我意识能力和良好的性格，给后人树立了光辉的榜样，受到后人的尊敬。有人曾批评富兰克林主观傲慢，他认真反思后，给自己立下了一条规矩：绝不正面反对别人的意见，也不准自己武断行事。他还给自己提出了一些具体改正的要求，以克服自己性格中的缺陷，这也正是他成功的一个秘诀。

有了健康的性格，才能享有健康的人生。人生的许多不幸、疾患都与性格息息相关。人虽然不能控制先天的遗传因素，但有能力掌握和改变自己的性格。因此，人可以拯救自己，改变自己。

性格与身心疾病

性格与生理疾病

越来越多的事实表明，一个人的性格特点，往往与他的身心健康、精神状态、人际关系、事业成就有着密切的联系。

医学专家指出，性格对健康的潜在影响是毋庸置疑的。现代人在激烈的社会竞争中产生的不良情绪和许多疾病密切相关。同患某种疾病的人，其性格多有相似之处。

从 20 世纪 80 年代开始，心理学把人的性格分为 A、B、C、D 四种类型。

A 型性格者即"急躁好胜"型，此类性格的人争强好胜，上进心强，一般处于领导地位，但易冲动好发脾气，其血胆固醇往往比较高，平时精神紧张度高，稍遇刺激就会心跳加快、呼吸加快、血压升高。长期如此，易患动脉硬化、高血压、冠心病。

B 型性格者则安于现状，比较没有主见和上进心，但往往健康状况良好。

C 型性格者属于"忍气吞声"型，往往过度克制自己，压抑自己的悲伤、愤怒、苦闷等情绪。恶性情绪长期作用于人的大脑会导致内分泌紊乱，降低人体免疫功能，从而给癌症以可乘之机。所以，医学专家以英文 Cancer（癌）的第一个字母 C 为这种性格命名。C 型性格者患癌症的危险性比一般人高三倍。这类人群应学会自得其乐，及时疏导和发泄不良情绪，增强自信心。

D 型性格的人是"孤僻型"，往往沉默寡言，消极忧伤，易患心脏病和肿瘤。

那么，性格中究竟什么心理因素导致了疾病的发生呢？下面以比较典型的 A 型性格和 D 型性格来说明。

美国心脏病专家研究认为，A 型性格的人多数处于领导地位，过于追求事业和功名，常常忽视个人健康状况，经常处在紧张和压力当中且不懂得如何照顾自己。他们的大脑皮质由于受到强烈持久的刺激，极易发生紊乱，使得交感神经兴奋、心率加快、心肌耗氧量增加，同时促使血小板聚集，增大了血液黏滞性，导致血脂增高等，因而极易形成冠心病。进一步研究发现，A 型性格的人最易导致心血管病形成的原因是"愤怒"和"敌对"两种心理因素。但这两种心理因素必须同时出现，才能给心脏带来破坏作用，任意一个单独因素都不会产生强烈的影响。对于心血管疾病患者来说，这种心理危险因素和他的生活质量下降、病情复发甚至死亡有着密切联系。

D 型性格的人最大的特点就是有浓厚的消极情感和社会退缩倾向：经常感到烦躁、紧张，无缘无故地担心，对自我抱有消极观念。在他们眼里，这个世界冲突迭起。他们总是窝在自己的圈子中，不愿意跟他人交往，哪怕交往也往往有很多顾虑。他们得病后康复速度慢，而且特别容易再次发作，死亡率比其他病人高。大约有20%的正常人群、27%～30%的冠心病病人和50%的高血压病人具有D型性格。研究表明，在应激状态下，D型性格人的交感肾上腺系统和下丘脑、垂体和肾上腺轴同时激活，从而产生强烈的唾液皮质激素。这种生理方面的超强反应可能是心血管疾病的直接原因。此外，D型性格人的其他不健康行为方式和心理因素（如自我孤立、缺乏社会支持等），可能也是致病的间接原因。

总之，每种性格特点都和疾病有着密切的关系。它既是很多疾病的发病基础，又可以改变许多疾病的发展过程。所以，每个人都有必要了解自己的性格特征，扬长避短，把性格中的消极因素转化为积极因素。比如，A型性格的人压力过大、紧张过度，可以在工作之余多进行户外运动、听听音乐，或者定期强制性休假等。C型性格的人应该学会发泄，将恶性激素排出体外，为此摔个盘子、碗之类的也不算什么。D型性格的人可以适当养养小宠物，培养一下爱心和同情心，有利于改变独处的习惯，并且要学会向他人倾诉。

性格与心理疾病

性格是人的一种心理特征，也是生活环境的烙印。俗话说："近朱者赤，近墨者黑。"父母古怪的性格、奇特的生活方式、不当的教育方式、不和睦的家庭氛围以及周围亲朋的消极影响等，都对下一代精神发育和性格形成有极重要的不良影响。

医学家们早就注意到：性格上的缺陷，如孤僻、懦弱、敏感、多疑、固执、暴躁等，不仅给人的工作、学习、恋爱、社交等带来很多障碍，也是心理健康的潜在威胁。

许多心理疾病的发生都与性格上的缺陷有密切联系，精神病学者把容易诱发心理疾病的性格称为易感性素质，就是说，有这种性格的人倘若再遇到精神与环境方面的不良刺激，一部分人很容易导致心理疾病的发生。例如：

1. 性格孤僻、懦弱、害羞、不合群、敏感、多疑、生活懒散、不讲卫生、对人冷淡、不好社交、兴趣与爱好少和不善于适应环境的人，易得精神分裂症。

2. 热情、活泼、好动、好社交，但是情绪忽冷忽热、清高、自负的人，易得情感性精神病。

3. 性格胆怯、自卑、敏感、多疑、依赖性强、缺乏自信、主观任性、急躁好强、自制力差的人，易得神经衰弱症。

4. 为人处世全凭感情，好夸耀自己、显示自己，乐于成为大家的注意中心，喜欢受别人的赞扬和重视，好幻想，想象力丰富的人，易发生癔症。

5. 做事瞻前顾后，谨小慎微，优柔寡断，犹豫不决，生活规律严谨，清规戒律很多，为人一本正经，不开玩笑，难以接触，办什么事情总是担心时多而放心时少的人，易得强迫症。

6. 心胸狭窄，爱生闷气，沉默寡言，顾虑重重，焦虑紧张，胆小怕事，踌躇不决的人，易发生更年期精神病。

以上这些有性格缺陷的人，在未发展成精神疾病以前，大脑功能都是正常的，也能照常从事工作和进行社会生活，其数量也是极少数的，不必草木皆兵、自寻烦恼，或去对号入座。即使有上述的一些性格缺陷，也是能够克服的。

性格缺陷的心理治疗

"金无足赤，人无完人。"没有一个人的性格是完美的，每个人都有这样那样的性格缺陷，性格缺陷对个人会产生以下三个方面的危害：

1. 容易诱发多种心理疾病和身心疾病。

2. 导致社会适应不良，尤其难以处理人际关系。

3. 影响学习、工作的效绩和生活质量，影响个人前途。

性格缺陷的有效纠治方法是接受心理健康教育，及早发现并了解其可能产生的危害，及早接受心理咨询，进行心理训练。知晓自己存在性格缺陷并自觉主动纠治的做法，与不了解或否认自己有心理缺陷的做法，两者的纠治效果和结局截然不同。要想有效地纠治性格缺陷，我们必须做到以下四点：

1. 高度自觉性。充分自知，配合训练，接受教育。

2. 认真负责。抱着一丝不苟的态度，积极贯彻、彻底执行各种纠治措施。

3. 严格要求。对于心理训练中提出的基本要求、训练项目、内容、方法、强度不能擅自增减，要坚持到底。

4. 信任原则。纠正性格缺陷如同治疗心理疾病一样，基本信条是"诚则灵，信则成"。一切有效措施和效果都是建立在本人对指导者信任的基础上。

偏执性格缺陷的治疗

偏执是指固执己见，对人对事抱着怀疑、不信任的心理。有偏执性格缺陷的人以男性居多，且多为胆汁质或外向型性格。

1. 性格特征

（1）性格固执，坚持己见，敏感多疑，在人际交往中对他人常持不信任和猜疑态度，过度警觉，遇到矛盾常推诿或责怪别人，强调客观原因，看问题倾向以自我为中心。

（2）自我评价过高，心胸狭隘，不愿接受批评，常挑剔别人的缺点，容易产生嫉妒心理，经常闹独立。如果他们的看法、观点受到质疑，往往会与人争论、诡辩，甚至攻击对方。

（3）心理活动常处于紧张状态，表现为孤独、不安全感、沮丧、阴沉、不愉快、缺乏幽默感，医学上将这类性格缺陷归属于"社会隔离型"人格。

偏执性格缺陷者如不尽早接受心理卫生教育，纠正自己的心理缺陷，有可能发展为偏执型精神分裂症。某些严重的偏执性格者，就可能是精神分裂症患者。

2. 治疗

克服多疑、敏感、固执、不安全感和以自我为中心的性格缺陷是治疗的关键。

（1）认知提高法。这类人对别人不信任，敏感多疑，妨碍了他们对任何善意忠告的接受能力。施教者或心理医生应在相互信任和情感交流的基础上，比较全面地向他们介绍性格缺陷的性质、特点、表现、危险性和纠正方法，提高其认知水平。

（2）交友训练法。积极主动地进行交友活动，有助于改变"社会隔离型"性格。交友和处理人际关系的原则和要领为：①真诚相见，以诚交心。②交往中尽量主动地给予知心好友各种帮助。③注意交友的"心理相容原理"。

（3）自省法。自省法是通过写日记，每日临睡前回忆当天所作所为的情景，进行自我反省检查。这种方法有助于纠正偏执心理，是一种很有效的改变自己心理行为的训练方法，对于塑造、健全优秀的人格品质和自我教育，效果明显。有偏执性格缺陷的人，为了纠正偏执心理，必须采用书面的或非书面的形式反省，进行心理训练，检查自己每天的思想行为，是否对人、对事抱怀疑、敏感态度，办事待人是否固执、以自我为中心；检查还存在哪些由于自己的偏执心理而冒犯别人、做错的事情，以后遇到类似情境，便知道应该如何正确处理。

（4）敌意纠正训练法。偏执性格缺陷者容易对他人和周围环境充满敌意和不信任。采取以下心理训练和教育方法，有助于克服敌意对抗心理。①要懂得"只有尊重别人，才能得到别人的尊重"的基本道理。要学会对那些帮助过自己的人说感谢的话。②要学会向自己认识的所有人微笑。可能开始时会很不习惯，做得不自然，但是必须这样做，而且努力去做好。③经常提醒自己不要陷入"敌对心理"的旋涡。事先自我提醒和警告，处世待人时注意纠正，这样会明显减轻敌意心理和强烈的情绪反应。④不断地增加对他人、对朋友需求的了解，同时努力降低对别人冒犯的敏感性。应该想到没有人愿意在自己安宁的时候去破坏他人的安宁，人与人之间的关系通常情况下都是友善平和的。⑤要学会忍让和有耐心。充分调动自己的心理防卫功能，尤其是调节机制。生活在矛盾复杂的大千世界中，冲突纠纷和摩擦误解是难免的，有时甚至无法避免，不要让怒火烧得自己晕头转向。

癔症性格缺陷的治疗

癔症性格缺陷是一种较典型的心理发育不成熟的性格类型，尤其表现情感过程的不成熟性。这种性格缺陷以中青年女性为多见，并且常在 25 岁以下。

1. 性格特征

（1）以自我为中心。喜欢别人注意和夸奖，别人只有投其所好才合其心意，并表现出欣喜若狂，否则会不遗余力攻击他人。

（2）情绪变化无常。这类人群情感丰富，热情有余，而稳定不足；情绪炽热，但不深刻。因此，他们情感变化无常，容易激情失衡，待人的情感呈现肤浅、表面和不真实。经常感情用事，好的时候，把人家说得十全十美，可是为区区小事，就能翻脸不认人，骂得人家一无是处。

（3）情感带有戏剧化色彩。这类人常好表现自己，而且有较好的艺术表现才能，说唱哭笑，演技逼真，有一定感染力，因此该类性格缺陷人群又称为"寻求别人注意型人格"。他们常常表现出过分做作和夸张的行为，甚至是装腔作势的行为表情，使人们注意，引以为乐。

（4）暗示性很强。这类人不仅有很强的自我暗示性，还容易接受他人暗示。他们具有高度的幻想性，常把想象当成现实，人云亦云，尤其对自己所依赖的人，可以达到盲目服从的地步。这说明他们的心理发育不成熟和不健全，缺乏独立性，依赖性很强。

因此，癔症性格缺陷者既不能省察自己，又不能正确地理解别人。内心的冷酷，表面上的热情，自己亦无法真正把握自己真伪曲直的本质。一般来说，本型性格缺陷人群比较聪明、灵活，颇为敏感。

2. 治疗

纠正心理不成熟、情感高度不稳定、以自我为中心、高度暗示性、戏剧性、用幻想代替现实是治疗癔症性格缺陷的关键。

（1）认知提高法。本类人群以女性多见，他们为人聪明、活泼、接受能力较强，但是心理发育不成熟，天真幼稚，幻想丰富，以自我为中心。对自己心理缺陷有所察觉，但是认识肤浅，不会自行克服纠正。提高认知能力和自知力是重点的纠正措施。

（2）读书训练法。刻苦学习，勤于用脑，有助于纠正心理不成熟。读书使人理智，有利于改变癔症性格缺陷者的情感高度不稳定、情感战胜理智的缺陷。

（3）自省法。情感丰富不稳定、热情而肤浅、心理不稳定、心理不成熟等心理缺陷，常使他们在人生道路上动荡不安，遇到心理矛盾和压力，常可诱发多种身心疾病，甚至导致癔症大发作。克服心理动荡不稳定，培育良好人格品质的较好方法是自省训练法。通常可采用写日记、记周记、自我反省、自我检查日常的心理行为的方法。重点是回顾检查自己的心理缺陷给个人和集体带来的危害，以及采取正确的纠正方法后所带来的益处。可以由其好友或其信得过的领导负责审阅批改他们的书面记录，并给予启迪性的建议，对他们微小的进步都要加以鼓励、肯定，以强化心理训练效果。

循环性格缺陷的治疗

生活中经常可以发现这种情绪兴奋高涨与忧郁低下的两端性波动的人，即人们常说的"情绪忽高忽低"者，其中有不少人属于本类型的性格缺陷。情绪兴奋是本类人群主要特征，这类人常常表现典型的多血质气质。他们的优点是情感丰富，活跃热情，好动和精力充沛，善与人交往，合群外向，思维活跃，聪明敏捷，好提意见，好管闲事，兴趣广泛。缺点是注意力容易涣散，情绪多变，波动不稳定，主意多变，追求、兴趣爱好不易持久、稳定。

1. 性格特征

（1）情绪变化循环往复，周而复始。这类人群的情绪高低变化，如同物理光学中正弦曲线那样，循环往复，周而复始，并非由于外界因素引起，故称为循环性格缺陷。这种人情绪兴奋时表现兴奋活跃，乐观向上，雄心勃勃，体力充沛，外向热情，乐于社交，似乎没有一个人不是他的朋友。当情绪低落时表现忧郁不愉快，对任何事物都缺乏兴趣，精力和体力不足，悲观、沮丧、寡言少语，懒于做事或做事感到困难重重。

（2）自我评价较高，有自夸自大倾向。思维和行为缺乏专一性和持久性，情感热情丰富但不深刻，容易疲惫衰退，表现波动不稳定的特点。如他们做事时有始无终，设想和计划很多，实现很少，缺乏深思熟虑。一般比较急躁，不遂心就大动肝火，激动发怒。

循环性格缺陷在历史上并非罕见。不少著名人物具有这种特殊性格特征。被称为世界十大思想家和大科学家的伊萨克·牛顿，就是其中一例。

2. 治疗

治疗循环性格缺陷的重点是克服性格中情感成分的兴奋高涨以及自负心理带来的不利影响；纠正看问题肤浅，思维行为不能持久、专一和深刻的弊病。因此，对心理功能缺乏持久专一、不易深刻的性格缺陷，训练中必须扬长避短，注意针对性，掌握尺度和重点。

（1）认知提高法。本人应充分了解其性格缺陷的特点、危害和纠正方法，提高自知力和主观能动性。由于本类人群情绪、性格缺乏持久专一和深刻性，因此训练过程中要始终遵循反复教育、不断强化、长期坚持、稳定提高的原则。否则，无法取得牢固的成效。

（2）兴奋专一训练。此法又称"成功心理训练"。一个人求知、追求事业、完成任务，光有强烈的动机和需要是不够的，必须具备完成任务的良好心理素质，其中兴奋专一性的心理品质是重要的基础。没有兴奋专一的心理品质，无法使自己心理行为处于最佳状态，容易受外界因素干扰，自我抑制能力低下，精神无法集中，思维分散混乱，而产生紧张焦躁不安情绪。因此，要求做事集中注意力，兴奋专一，思维专一，抗御外界干扰因素，坚持必胜信心，不懈努力；追求的理想和目标不宜太高太多，选出目标，坚持奋斗到底。

（3）读书训练法。读书学习、博览群书可以提高智力、开阔视野，同时亦是有效的心理训练方法。培根曾精辟地论述："读书足以怡情。"怡情就是陶冶人的性格，有助于改变人的心理行为，纠正性格缺陷。可阅读一些数学书，学习数学使人思考问题周密，富有逻辑推理能力，培养精确、严谨的治学作风，保持注意力集中，不允许在演算和学习中出半点儿差错，从而养成耐心、细致，有自信心和顽强的工作作风。同时，也可以练习写文章或进行文学创作，提高概括思维能力和思考观察水平。

（4）笔记训练法。必须养成认真和勤奋做笔记的学习习惯，克服自己动脑动口不动手、凡事想当然的作风。经常使用笔记帮助学习，有助于培养注意力集中、思维深刻化、兴趣专一持久、观察事物细致深入的能力。

分裂性格缺陷的治疗

1. 性格特征

（1）过分胆小、羞怯退缩、回避社交、离群独处、我行我素且自得其乐、沉醉于内心的幻想而缺乏行动。

（2）行为外表古怪、离奇，不修边幅，爱好怪癖，喜欢自言自语。

（3）情感淡漠，对人缺乏热情，兴趣贫乏，对外界事物缺乏激情，对批评和表扬常持无动于衷的淡漠态度。

这种类型的人极少有攻击行为，一般不会给他人制造麻烦，但由于他们很少顾及别人的需要，总是独往独来，沉浸在自己的"白日梦"中，难以完成责任心强的工作。

这类性格缺陷的最大危害是容易进一步发展为精神分裂症，在青年中存在严重的或者突然发展的分裂性格缺陷可能是早期精神分裂的重要信号。

2. 治疗

治疗分裂性格缺陷的关键是纠正性格上孤僻离群、情感浅淡和与周围环境分离的缺陷。

（1）社交训练法。旨在纠正性格孤僻不合群的缺陷。一般按照以下步骤进行：

第一，提高认知，懂得孤独不合群、严重内向性格的危害性，能够自觉投入心理训练。

第二，制订社交训练评分表，自我评分，每天小结，每周总结，4～8周为一周期。

第三，训练内容和目标：训练内容从简到繁，从易到难。刚开始时可以以一位亲友为接触对象，每次要求主动与他交谈5分钟，交谈内容和方式不限。逐渐做到主动、自然和比较融洽地随便交谈。进而逐步增加接触交谈的时间（从5分钟增加到20分钟，再增加到半小时），交谈对象逐渐由熟悉的人向陌生人过渡，对象由1人增加到5人。训练成功后，改变训练内容，主动改变孤居离群的生活方式，积极参加集体活动，投入热火朝天的现实生活。

（2）兴趣培养法。兴趣是人积极探究某种事物和给予优先注意的认识倾向，同时常具有向往的良好情感。因此，兴趣培养训练有助于克服这类心理缺陷者的兴趣索然、情感淡薄的不健全心理状态。具体方法为：

第一，提高认知。要求本人有意识地分析自己的心理不足，确定积极探求人生的理想目标，并有为之奋斗的自信心、决心和生活情趣。应该懂得这样一个道理：人生是一次其乐无穷的愉快旅程，每一个人都应该像一位情趣盎然的旅行家，每时每刻在奇趣欢乐的道路上旅行。分裂性格缺陷者必须培养多方面的兴趣爱好，如唱歌、听音乐、绘画、练书法、打球、下棋等。多种兴趣爱好可以培育向往生活的良好情感，丰富人们的生活色彩，给人的认识留下深刻的印象。

第二，积极参加集体活动。扩大社会信息量，克服情感淡薄的弊病。

（3）情感训练法。通过读书、欣赏文艺作品等，学会欣赏艺术美、自然美、社会美和心灵美，陶冶高尚情操。

强迫性格缺陷的治疗

1. 性格特征

这类人群的共同性格特征是：拘谨，犹豫不决，想问题办事情要求十全十美，过分追求完美，按部就班，做事非常认真，循规蹈矩，讲信用，但是做事缺乏灵活性。他们过分自我克制，过度自我关心和具有强烈的责任感，生怕办错事给自己和别人带来损失和不利。因此平时小心翼翼，自我怀疑，精神高度紧张，难以松弛。这类人群显然在工作上高度负责，一丝不苟，但是效率不高，缺乏创造性和主动性。因此，导致社会适应性不良，人际交流困难。

临床研究发现，不少强迫性格缺陷者的父母亲是强迫性格者或者对自己子女教养方式过分严格、刻板，追求很高的道德和行为规范标准。家庭因素是导致强迫性格缺陷的重要原因。

强迫性格缺陷者很容易发展为强迫性神经症。

2. 治疗

治疗强迫性格缺陷需要纠正其性格固执的刻板性、追求十全十美的秩序性、过度自我注意的拘谨性，关键是提高其认识，改变其原来的想法。

（1）凡事勿求十全十美。强迫性格缺陷的表现形式多种多样，其中过分追求十全十美是一种重要的性格缺陷表现形式，必须力戒和纠正。美国著名精神病学家杰维·伯恩斯曾说过："过分追求完美，是取得成功的拦路虎，是自拆台脚的坏习惯。"他曾对 150 名推销员做过详细心理测定和个案分析，发现 40% 的人有过度追求完美无缺的性格缺陷，结果事业成功的机会很少。因为过分追求完美的人容易比一般人经受更多的心理压力和忧虑，导致创造能力和其他心理的削弱，轻者陷入强迫性格缺陷，严重者罹患强迫症。追求十全十美的性格，使自己的能力、人际关系和自尊心等心理行为扭曲，导致不合逻辑的思考问题方法，陷入"非圣人，即罪人"的认识误区。伯恩斯进一步分析过度追求完美者心理特点的危害性：①非常紧张担心，无法把一件事情做完；②不肯经受犯错误的风险；③阻止创造新东西的努力；④苛求自责，生活乐趣被剥夺；⑤总不能放松自己，总感到尚有不完美之处，永远陷入不安和恐怖心理；⑥对别人不能容忍，被人看成爱挑剔的人，人际关系紧张。

（2）要顺其自然，纠正过度自我注意的拘谨。由于强迫性格缺陷者过分压抑和控制自己，而减轻和放松精神压力的最有效方式是凡事顺其自然，该怎么办就怎么办，做了以后就不再去想它，也不要对做过的事进行评价。比如，担心门没关好，就让它没关好；桌上的东西没有收拾干净，遗漏些也无妨。开始时可能会由此带来焦虑的情绪反应，但由于患者的强迫行为还远没有达到强迫症那样无法自控的程度，所以经过一段时间的训练和自己意志的努力，症状是会消除的。

爆发性格缺陷的治疗

此种性格又称癫病性格缺陷。这类人常常因特别小的精神刺激而突然爆发非常强烈的愤怒和强暴言行。由于癫病患者亦有类似性格缺陷，故名之。平时这类人性格较凝重，缺乏灵活性，似乎表现出过分顺从和依赖性。一旦暴怒发作，情绪行为变得异常暴烈冲动，有很强的攻击性，甚至不考虑影响，不顾后果，与平时判若两人。间歇期恢复常态，对发作时的所作所为感到后悔，但无法防止再犯。此类性格缺陷多见于男性，女性少见。

爆发性格缺陷者家族中常有同样患者。出生时产伤、难产窒息、婴儿惊厥、头部外伤、儿童多动症、破裂型家庭、幼年被父母遗弃、缺乏正常家庭温暖关怀等因素，都是诱发本型性格缺陷的重要原因。

需要指出的是，这类性格缺陷者在心理卫生防治工作中具有特殊的意义。因为由这类人群组成的家庭，对自己的子女往往采取不协调型或强迫型的不良家庭教养方式，其子女发生心理缺陷和心理疾病的概率很高。

攻击型性格缺陷的治疗

攻击型性格缺陷常常是青少年和中青年期发生不良行为的重要性格缺陷类型。这种人情绪高度不稳定，容易兴奋冲动，办事鲁莽，缺乏自制自控力，从不三思而行，"干了再说"是其基本性格特点。这类人群心理发育不成熟，判断分析能力薄弱，容易被人挑唆怂恿或盲从，对他人和社会表现出敌意、攻击和破坏性行为。

攻击性格缺陷是一种以意志控制能力削弱为主要特征的性格缺陷，实际上有两种类型：主动攻击型和被动攻击型。上述表现是主动攻击型的表现。还有一种是被动攻击型，这类人外表表现被动和服从、百依百顺，内心却充满敌意和攻击性。这种人多有对工作和学习过高要求的不满、反抗情绪，常采取借故迟到、拖延时间、拒绝工作等间接反抗形式。

攻击型性格缺陷者很容易发展为病态人格，事实上不少这类性格严重者，就是病态人格的患者。病理性赌博、偷窃狂、纵火狂、漫游狂等严重人格障碍者，常是本型进一步发展的结果。

反社会性格缺陷的治疗

反社会性格缺陷又称"病态人格"。这种人不顾社会道德准则和一般公认的行为规范，经常发生反社会言行。他们冲动易怒，缺乏责任心和罪恶感，高度自我中心，利己主义，我行我素，具有较强的责备他人的倾向，经常发生违纪犯法的行为。他们对自己的错误行为常倾向于明知故犯，屡教难改和损人利己，教育比较困难。

1. 性格特征

1980年心理学家朗姆提出9条反社会性格缺陷者特征，并认为具备5条者应做肯定诊断，具备4条者视为可疑。

（1）在校学生有逃学或斗殴等行为，造成管理困难。

（2）经常发生违纪、车祸或犯罪。

（3）通宵离家外出不归。

（4）经常暴怒和殴斗。

（5）工作表现差，无所事事，或无故经常变换工作岗位。

（6）抛弃家庭，离婚，夫妻不和，虐待妻儿老小等。

（7）两性关系混乱。

（8）缺乏计划地长期在外漂泊、流浪。

（9）持续和重复说谎或应用别名。

爆发性格、攻击性格和反社会性格缺陷三者常具有相似的损害他人和社会的言行表现，向外界呈现较强烈的攻击性，性格冲动、鲁莽失衡，缺乏自制自控能力，心理发育不健全、不成熟，因此有时发生鉴别、判断的困难。如果进一步分析和观察，三者仍有所不同。一般来说，爆发性格缺陷者的暴怒激情发作呈阵发性、间歇性特点，间歇期心理行为正常，而且发作期为时不长，平时的性格脾气符合常态。

攻击性格缺陷呈现较为持久的攻击言行，缺乏自控能力，以对他人攻击冲动行为主要表现为"干了再说"的鲁莽式性格缺陷。反社会性格缺陷者常以损人不利己的失败结局告终，无法吸取经验教训。简言之，爆发性格以情感薄弱为主症，攻击性格以行为自控能力低下为特点，而反社会性格则是情感和意志行为都呈现心理缺陷。

2. 治疗

（1）激情纠正训练法。三种心理缺陷者情绪高度不稳定，容易激动、暴怒，情感自控能力低下，惹是生非，扰乱社会，损人害己。对此必须向他们讲清道理和危害性，使他们在高度自觉的条件下接受心理训练。在心理医生的指导下，自己编制 20 ～ 30 个主攻靶症状，譬如：①上司批评自己做错事时；②上司不了解情况批评错时；③同事、朋友对自己出口中伤，不尊重人格时；④与同事、朋友因故争吵时；⑤别人无故打骂自己好友时；⑥在公共场合被别人冒犯而又不道歉时等。这些项目必须是日常生活中经常碰到的。可根据自己出现的情绪反应，从轻到重按顺序排列和分级，做到逐级适应。

具体操作步骤：首先学会一些松弛方法，用以在无法自控情绪时对抗。随后进行想象训练，对上述 20 ～ 30 个问题逐级想象，尽量逼真生动地想象，接近生活实际，并且加以忍耐，不使其产生较强烈的情绪反应。当出现明显激情、焦虑等情绪反应时，用松弛方法对抗。最后到实际生活中训练，有意识地接触上述不良情景，主动抑制自己的情绪反应，使自己的激情行为完全消除。

每次训练 20 ～ 50 分钟，每日 1 ～ 2 次，15 ～ 20 次为一个周期，可以反复进行训练。在实践训练中，如果接触不良情景时，情绪反应轻微或者能够迅速自制自控，可视为效果满意。在训练期间，每日写日记或心得体会，主动自我反省，效果会更好。

（2）激怒自控法。适用于与人争吵，即将暴怒发作的时候，是一种快速对抗的心理控制技术。心理学研究发现，激怒发作从心理机制上分为三个阶段：

第一阶段，潜伏期。表现对他人意见不合或不满意，滋生不愉快情绪，一般尚未丧失理智，意志尚在起作用，有一定自控能力。

第二阶段，爆发期。产生争吵的高峰期，意见不统一，各人固执己见，争得面红耳赤，进而恶语伤人，动手斗殴。

第三阶段，结束期。争执相持不下或愤怒离开，拒不作答或旁人解围，最后不欢而散。

实际上如果主动制怒于第一阶段，并采取有效的制怒方法，可遏制消除激怒爆发。比如：①善于分析他人的性格特征和心理状态，避锐趋和，要以缓对急，以柔克刚，绝不能以急躁对急躁；②迅速离开争吵现场，转移注意力，避开引起激情发作的刺激源；③让别人把话说完，充分发泄，自动消气息火，这是避免争吵和激怒的有效方法；④咽不下气、平不息肝火、自尊心理是导致争吵的重要心理防卫机制。此时应用升华法、转移法、幽默法等，可有效缓释怒气。

（3）自我情绪调节法。学会调节和控制自己情感活动的能力。情绪无法自控，难以保持心理平衡，这是本类心理缺陷者的通病。因此学会主动的自我情绪调节方法，具有重要的心理意义。具体要领是：大喜时要抑制和收敛；激怒时要镇静和疏导；忧愁时要释放和自解；思虑过头时要转移和分散；悲哀时要娱乐和淡化；惊恐时要镇定和坚强；恐惧时要冷静和沉着。目的是使情绪的钟摆始终处于中位线附近，保持心理平衡状态。

（4）兴趣培养法。这种兴趣爱好必须是品格高尚，层次较高，具有陶冶心灵、转化心理行为、助于提高人生追求和情趣的项目，如弹琴、绘画、文学创作、下棋、歌唱、集邮、体育锻炼等。要求除了正常的学习工作外，业余时间坚持练习、钻研提高，作出成绩。同时要求放弃原来一些低级趣味的兴趣或娱乐活动。一方面从高尚的兴趣爱好中得到启迪，净化心灵，提高心理认识水平和追求高层次的人生理想抱负。另一方面，分散和发泄过剩的精力和注意力，有助于身心健康和塑造较好的人格品质。

（5）不良行为纠正训练法。在充分教育、启发自觉、明辨是非、提高认知能力的基础上，把不良行为作为靶症状进行纠正训练。如以打人、说谎或偷窃行为作靶症状，编制心理训练评分表，逐日自我评分，由医生、领导、朋友作为指导督促人，检查评分的真实性，每周、每月小结考核，用适合受训者心理需要的奖惩方法强化训练效果。

（6）提高心理认识训练法。心理发育不良和心理幼稚化常常使人心理需求水平低下，缺乏正确的人生动机，难以形成符合社会需要的人生观，表现心理认识水平低下，这是不良行为和犯罪的心理基础。具体方法可采取加强社会化学习、阅读名人传记、培养独立生活能力、外出参观访问扩大视野等方法，确立正确的人生观。

（7）读书训练法。读书学习使人知书达理，明辨是非，开阔心胸，陶冶情操，故具有加强思想道德修养，纠治心理行为控制不良的功能。大量生活经验和临床观察资料表明，一般情况下，一个人的思想道德修养水平与其文化知识水平相关。读书学习使文化水平提高，有助于明察达理，增强心理行为自控能力。本类心理缺陷者应该多读些哲学、逻辑、政治思想修养方面的书籍，并且经常对照自己的行为，理论联系实际，对不良行为加以改正。

第四章

㊃

人的常见心理问题与心理保健

儿童多动症

多动症是一种儿童行为障碍疾病，又称"脑功能轻微失调"，主要表现为注意力难以集中，在学习或游戏中缺乏一定的精神努力和持续力，容易受外界刺激的干扰，有多动或冲动行为；严重的有健忘、攻击、破坏等行为障碍，是一种儿童常见病、多发病，且此病的发病率呈现逐年上升的趋势。儿童多动症的患病率，占学龄儿童的5%左右，发病年龄多在5岁左右，男孩较多，一般8岁时症状显著，10岁后渐有好转。儿童多动症的病因很复杂，涉及生物、心理、家庭和社会多方面，但家庭环境所起的作用较大，如有的母亲对孩子过于溺爱，而父亲又过于严肃和粗暴，有的家长性情急躁，教育方法生硬或过分苛求，稍不听话就拳脚相加，致使孩子心情过度紧张，造成疾病。此外，该病与孩子功课负担过重和缺少文体活动等，也有一定关系。那么，是不是孩子一出现多动、顽皮、不服管教等现象就是儿童多动症呢？当然不是，孩子的天性就是顽皮，并非所有顽皮的孩子都患有多动症。

作为家长，要掌握孩子顽皮和多动症的区别，以便及时识别，正确对待。①多动症儿童很难控制注意力，或不受干扰地专心于做某一件事情，即使是他最感兴趣的事也不行，但顽皮儿童却可以对其感兴趣的事情专心致志。②顽皮儿童在新环境中能够暂时约束自己，多动症儿童却做不到。③顽皮儿童好动，有一定的原因和目的；但多动症儿童的好动却缺乏明确目的，与当时环境不协调。④顽皮儿童做双手快速翻转轮换动作时，表现得灵活自如，而多动症儿童却多显得笨拙。⑤顽皮儿童服用中枢神经兴奋药后，越发兴奋，多动症的儿童却能较快地表现出安静，多动减少，注意力能相对集中，但当多动症儿童服用镇静剂后，反而表现出兴奋、多动现象。

儿童多动症的临床表现

1. 注意力不集中

患有多动症的儿童无论干什么注意力都难以集中，干什么都丢三落四，做事情总是半途而废，常常是一件事还没有干完又急于去干另一件事。外界环境中任何视听刺激都可分散他们的注意。告诉他们的事马上就会忘记，似乎从来都没有用心听。上学后，他们在课堂上症状表现更加明显，坐在教室里总是东张西望，心不在焉。做作业时只能安坐片刻，经常玩弄文具或站起来到处走动。

2. 活动过度

多动症儿童最主要的特征就是活动过多或过分。在婴儿期他们就表现为好动、不安宁、喂食困难、爱哭、难以入睡、易醒、早醒等，而有的则是睡得过熟，很难唤醒。随着出生后身体机能的发展更显得不安分。学会了走路就不喜欢坐，学会了爬楼梯后就上下不停地爬，老爱翻弄东西，毁坏玩具。

进了幼儿园后，他们也不能按正常要求的时间坐在小凳子上。上学后大部分儿童因受学校纪律制约而增加了对自身活动的限制，而多动症患儿的多动行为反而更加突出。上课时他们小动作不断，无法专注于某一项活动，甚至会站起来在教室里擅自走动，一下课便像箭一般冲出教室。他们的这种行为与正常儿童的好动不一样。

多动症儿童的活动往往是杂乱无章，缺乏组织性和目的性，最明显的特点是无法控制自己的活动。另外，多动症儿童中的部分人会出现动作不协调，不能做穿针线、系鞋带等精细动作，还有一些有感知觉障碍，如经常穿反鞋子等。

3. 学习困难

虽然多动症儿童智力大多正常，但学习成绩普遍很差。因为上课、做作业时无法集中注意力，活动过多、情绪不稳定等缺陷严重地影响了他们的学习效果。在感知觉方面，多动症儿童中的部分个体还因出现诸如空间知觉、视听转换等心理障碍而影响他们书写、阅读、计算、技能操作、绘画等学习活动。

4. 情绪不稳、冲动任性

患有多动症的儿童性格倔强、固执，情绪很不稳定，易于因外界事物的刺激而变化，他们自我控制能力弱，极易冲动，高兴时情绪激昂亢奋，一旦受到挫折或不如意时则脾气暴躁、要赖、哭闹、乱扔东西，经常在学校干扰其他儿童的活动，与其他儿童争吵、打架，行为冲动时还会不计后果地伤人毁物，甚至导致一些严重的灾难性行为结果。因此他们与其他同伴难以和睦相处，在集体中常常是被孤立、排斥、厌恶甚至敌视的对象。

多动症的矫治须多管齐下方能奏效，家长和教师对多动症儿童应给予更多的关爱，要多发掘他们身上的长处，如愿意为老师做事等。宜采用热情鼓励为主、有效的批评惩戒为辅的教育策略，坚持对他们进行耐心、细致地教育引导。

儿童多动症的治疗

在治疗方面可采用心理和药物治疗。其中，首选方法是心理治疗，主要有支持性心理治疗、行为治疗（如代币券疗法、松弛疗法、自控训练等）。药物治疗虽然是当前治疗多动症立竿见影的有效方法，但在选择时必须谨慎，以免造成对儿童，尤其是学龄前儿童大脑神经细胞组织不可逆的损害。当前临床上常用的药物是中枢神经兴奋剂，如利太林（哌甲酯）、匹莫林（苯异妥因）等。患儿应在有丰富临床经验的精神科医师的科学指导下合理服用。

千万不要把好动的孩子都视为"多动症"患者。有的孩子学习成绩不好，也调皮，也闯祸。如上课老是开小差，问的问题更是千奇百怪，常常弄得老师下不了台，有的喜欢拆家里的电器或钟表。这些行为其实是儿童好动和好奇心理的表现，不能简单地视为"多动症"。最好的办法是请专门的医生诊断一下，这样才能对症下药。

儿童学习能力障碍

学习能力障碍又称特殊发育障碍，是指言语、学习技能（阅读、拼音、书写、计算等）、运动技能等方面的发育延迟，表现与其实际智力水平有明显差距。然而不是由于严重的智力低下、感觉器官的缺陷、情绪障碍或缺乏学习机会所造成。学习能力障碍在小学生中比较多见，约占学龄儿童的 5% ~ 10%，且男孩多于女孩。

儿童学习能力障碍的原因

引起儿童学习能力障碍的原因较多，归纳起来主要有生理因素和环境因素两方面。

1. 生理因素

（1）器质性因素。儿童在胎儿期、出生时、出生后由于某种伤病而造成轻度脑损伤或轻度脑功能障碍，都可能影响儿童的学习技能的发育。

（2）遗传因素。有些学习技能障碍具有遗传性，例如，阅读障碍可以遗传好几代，从患儿的父亲、爷爷或其他亲属身上也可见到类似的情况。

（3）营养因素。如人体必需的微量元素锌、铁缺乏等对儿童发育及学习能力有明显影响。

2. 环境因素

（1）不良的家庭环境。

（2）儿童在幼时未得到良好教养。在儿童早年生长发育的关键期，没有为儿童提供丰富的环境刺激和教育。

（3）不适当的学习内容和教育方法使儿童产生厌学情绪。由于有些家长不懂得儿童身心发展的特点，在为子女安排学习内容或进行教育时常出现学前儿童小学化，小学儿童成人化的现象，从而影响了儿童的学习兴趣；有些老师对学生存有偏见，特别是对成绩差的学生，经常予以批评指责，大大伤害了儿童的自尊和自信。

儿童学习能力障碍的表现及类型

儿童学习能力障碍主要有以下表现特征：注意力不集中、学习成绩差；在读、写、算等方面的记忆弱；写字时看一眼写一笔，做作业时间长；写字常常多一笔少一划，部首张冠李戴，左右颠倒；运动技能差，动作不协调；阅读时常常出现增字、漏字、前后颠倒、跳行等现象；对数学应用题理解困难；计算过程常常忘记进位和错位，忽略小数点或不理解运算符号；说话、写作文内容单调重复、逻辑混乱；语言发展迟缓，表达能力不足。

研究表明，大约5%～10%的在校生属于学习障碍儿童。学习障碍是由若干不同类型所构成的。

（1）书写障碍。小丽就是典型。她写作业十分粗心，经常多一撇少一划，把答案抄错，有时难题可以解出来，简单的计算题却错了。学习障碍儿童的眼睛似乎与别人的不一样，被称为懒惰的眼睛，漏掉许多明显的信息。这种人学习时视而不见，考试时竟然可以把整个题丢掉，事后他们说自己没看见这道题。这种问题体现的是儿童的视知觉的分辨力、记忆力和视—动统合能力相对落后造成的。这种孩子最易受到老师和家长的误解，因为大人认为他们学习态度有问题，是故意的，要给予惩罚。其实这是一种特殊的学习能力障碍。只有进行有关的视知觉训练才能改善。

（2）阅读障碍。阅读障碍是学习障碍中人数最多的，男生多于女生。这类孩子往往记不住字词，听写与拼音困难，或朗读时增字减字，写作文语言干巴巴，阅读速度特别慢，逐字地阅读。他们在下棋和玩电脑游戏等方面头脑很灵，但在复习功课和写作业及听讲方面成绩极差。这种落后可能与左脑有关。家长应给予极大的警惕，因为这类孩子由于不能有效地阅读，随着年级增加，会在各门功课上都出现困难。

（3）数学障碍（非语言学习障碍）。这类孩子在机械图形与数学任务上能力落后，记不住他人的面孔，交往能力差，在运动和机械记忆方面也存在困难。男女无差别，约0.1%～1%的儿童有此障碍。这一障碍可能与右脑落后有关。家长应重视逻辑推理能力的开发，在空间想象力和数量关系方面进行培养，要利用孩子的语言优势，进行某种补偿。

儿童学习能力障碍的治疗

遇到孩子学习表现不佳，家长和教育工作者应当首先了解自己孩子的学习心理出现了什么问题，严重到什么程度。应当善于为孩子设计个别化的教育方案，针对特殊的学习能力不足进行培训。

对学习能力障碍的治疗主要是教育训练和心理治疗。

1. 教育训练

这一治疗工作可在条件较好的心理咨询机构（如大学的咨询服务中心）的指导下，由有经验的教师利用寒暑假进行集中治疗训练。治疗的基本程序是针对每位患儿的具体技能障碍，制订出专门的训练计划，然后在治疗教师的示范下进行个别矫治。如对有视觉空间障碍的儿童，可以进行系列视觉空间能力的训练；对听觉困难者，可给以系统的音调、节律训练；对语言表达困难者，可由字到句逐步进行训练。

2. 心理治疗

心理治疗主要采取正强化法，在对患儿进行教育训练时，对患儿每一个微小的进步都要及时进行表扬和奖励，以强化儿童新技能的获得，提高儿童的自信心。

3. 家庭教育

父母不要歧视这类儿童，要给予其更多的关心、同情和帮助，为其创造良好的生活学习环境。

青少年逆反心理

近几年来，以中小学生为主角的家庭悲剧常见报端：有中小学生砍杀父母、爷爷奶奶的；也有中小学生自杀、自残的；也有与学校老师发生矛盾的……一宗宗骇人听闻的报道，让读者触目惊心，让家长、教师、教育工作者大感寒心。青少年学生可是祖国未来的希望啊，他们究竟怎么了？

青少年学生出现上述不可理喻的行为，源于青少年学生的逆反心理得不到及时合理的调适，进而发展成与家长、教师、教育工作者之间的矛盾，当矛盾得不到化解时，它会逐步上升，最终酿成悲剧。

逆反心理是指人们彼此之间为了维护自尊，面对对方的要求采取相反的态度和言行的一种心理状态。逆反心理在人的成长过程的不同阶段都可能发生，且有多种表现。如对正面宣传做不认同、不信任的反向思考；对先进人物、榜样无端怀疑，甚至根本否定；对不良倾向持认同情感，大喝其彩；对思想教育及守则消极抑制、蔑视对抗等。

由于青少年学生正处在身心发育成长的不稳定时期，大脑发育成熟并趋于健全，脑机能越来越发达，思维的判断、分析作用越来越明显，思维范围越来越广泛和丰富。特别是思维方式、思维视角已超出童年期简单和单一化的正向思维，向着逆向思维、多向思维和发散思维等方面发展。尤其是在接触社会文化和教育过程中青少年渐渐学会并掌握了逆向思维等方法。正是青少年思维的发展和逆向思维的形成、掌握，为逆反心理的产生提供了心理基础和可能。因此，逆反心理在成年前呈上升状态。

青少年学生正处在接受家庭、学校教育阶段，由于阅历和经验的不足，在认知事物和看问题时常出现认识上的片面和较大偏差，因而易与家长、教师、教育工作者的意向不同。当人们的意向不一致时，彼此之间为了维护自尊，就会对对方的要求采取相反的态度和言行。

青少年逆反心理产生的原因

1. 好奇心的驱使

青少年学生的好奇心强，由于阅历和经验的不足，他们不迷信、不盲从，具有较强的求知欲、探索精神和实践意识。但家长或教师在教育孩子时，为了让孩子不走弯路，常用自己的所得经验阻止孩子的好奇心。孩子受好奇心的驱使，听不进大人们忠告，对于越是得不到的东西，越想得到；越是不能接触的东西，越想接触。这样，孩子不听劝告的逆反行为就形成了。

2. 独自意识的增强

孩子的逆反心理从小学进入中学是一个飞跃。他们有较强的行为能力和自理能力，认为自己已经长大了，不是小孩，独立活动的愿望变得越来越强烈，他们想摆脱父母，自立自强。但俗话说："在父母面前，你永远都是孩子。"父母却无法相信孩子已经长大，仍然要主宰孩子的大部分行动。因而孩子会渐渐地疏远父母、教师，对师长的要求置之不理，我行我素。

3. 教育方法不当

在当今，各行各业竞争激烈，家长为了让孩子打好基础，教师为让学生出成绩，多方加压，恨铁不成钢，教育方法失当。这使青少年学生的成长压力很大，成长历程被压变了形，失去了自由、失去了欢乐、失去了童趣。当压力超过青少年学生的承受能力时，矛盾必然产生，就会产生逆反行为，甚至敌视父母、教师。

4. 自尊心受损

当青少年学生的自尊心受到伤害时，往往会对对方加以反驳，以维护自己的尊严。如老师在教室里或当着全班同学的面批评某个学生；家长在朋友家或在孩子的朋友面前数落孩子的缺点，这些不当的教育方法也是引发孩子逆反心理的主要原因。

如何克服和防治逆反心理

逆反心理作为一种反常心理，虽然不同于变态心理，但已具备了变态心理的某些特征，其后果是严重的，它会导致青少年形成对人对事多疑、偏执、冷漠、不合群的病态性格，致使信念动摇、理想泯灭、意志衰退、工作消极、学习被动、生活萎靡等。

逆反心理的深一步发展还可能向犯罪心理或病态心理转化，所以必须采取有效的对策来克服和防治逆反心理。

1. 要重视复杂的社会因素对青少年心理的影响

青少年的心理活动，会受到社会经济制度变革，文化、道德、法律等意识形态发展，善恶、美丑、是非、荣辱等观念更新等方面影响。所以要克服逆反心理，不能把青年仅局限在学校这个小天地里，而要让他们置身社会，把对他们的思想情操等各方面的培养同社会政治生活、经济文化活动以及社会道德风尚联系起来，以提高他们心理上的适应能力，使他们更好地适应社会，不致迷失方向。

2. 青少年要学会正确认识自己，努力升华自我

须提倡自我教育，就是要求青年要学会把自己作为教育对象，经常思考自己、主动设计自己，并自觉能动地以实际行为努力完善或造就自己。

3. 要改善教育机制

教育工作者要懂得心理学和教育学，要掌握好青少年心理发展不平衡性这个规律；不失时机地帮助青少年克服消极心理，使其心理健康发展。教育工作者要努力与青少年建立充分信任的关系，要与他们交朋友，以诚相待、以身作则。要爱护和尊重青少年的自尊心，选择合适的教育方式和场合，注意正面教育和引导，杜绝以简单、压制和粗暴的形式对待青少年。

4. 作为学生、子女应理解父母

（1）作为学生、子女要学着从积极的意义上去理解大人，父母和老师的批评都是善意的，老师、父母也是人，也有正常人的喜怒哀乐，也会犯错误，也会误解人，我们只要抱着宽容的态度去理解他们，也就不会逆反了。

（2）要经常提醒自己虚心接受老师、父母的教育，遇事要尽力克制自己，要知道，退一步海阔天空。另外，还要主动与他们接触，向他们请教，这样，多了一份沟通，也就多了一份理解。

（3）青少年要提高心理上的适应能力，如多参加课外活动，在活动中发展兴趣，展现自我价值，这样，逆反心理也就克服了。

中年心理疲劳

一般来说，疲劳有两种：一种是生理疲劳，一种是心理疲劳。而心理疲劳的大部分症状，是通过生理疲劳表现出来的，因而往往被人忽视。而中年人正处于社会、家庭、工作、生活的多重压力之下，因此，心理疲劳在中年人身上表现得尤为突出。心理疲劳的一般表现是：当你长时间继续不断地从事力不从心的脑力劳动后，你感到精力不支，而且劳动效率显著下降。

下列9项症状说明一个人的心理已经是很疲劳了。这9项症状是心理疾病的先兆。而这些心理疾病的先兆，都是由于心理疲劳引起的。这9项症状是：

1. 早晨起床后，感到全身发懒，四肢沉重，心情不好。

2. 工作不起劲儿，什么都懒得去做，甚至不愿意和别人交谈。

3. 工作中差错多，工作效率低。

4. 容易神经过敏，芝麻大一点儿不顺心的事，也会大动肝火。

5. 因为眩晕、头痛、头晕、背酸、恶心等，感到很不舒服。

6. 眼睛容易疲劳，视力下降。

7. 犯困，可是躺到床上又睡不着。

8. 便秘或者腹泻。

9. 没食欲、挑食、口味变化快。

心理疲劳对人产生的影响是巨大的。心理疲劳往往通过一些身体疲劳的症状表现出来，当心理疲劳持续发展时，将导致心血管和呼吸系统功能紊乱、消化不良、失眠、内分泌失调等，最终会导致心身疾患。

心理疲劳是指人体虽然肌肉工作强度不大，但因神经系统紧张程度过高或长时间从事单调、厌烦的工作而引起的疲劳。心理疲劳是在工作、生活过程中过度使用心理能力，使其功能降低的现象，或长期单调重复作业而产生的单调厌倦感。通俗地说，心理疲劳指长时期的思考、焦虑、恐惧或者在和别人激烈争吵之后，使心理陷入"衰竭"的一种状态。

生理疲劳指人由于长期持续活动使得人体生理功能失调而引起的疲劳。从工作方面来说，生理疲劳是为工作所倦，不能再干；而心理疲劳则是倦于工作，不想再干。心理疲劳也会减弱生理活动，如厌烦、忧虑等都会损害身体的健康，使器官的活动效率降低。

心理疲劳产生的原因

人们心理疲劳的产生，不仅与当时所处的环境因素有关，而且与自身的情绪状态密切相关，它受到诸多因素的影响：

1. 工作负荷过高或过低

过高的工作负荷造成高度的心理应激，使人体的紧张程度过高，心理能力使用过度，从而造成心理疲劳。心理负荷过低的单调工作也会引起心理疲劳。单调、乏味、长时间从事一件事情会使操作者极度厌烦，引起和加速操作者心理疲劳的产生。单调的工作往往与不变的情绪联系在一起。在单调情绪中，人们容易产生不愉快，缺乏兴趣，以及觉得工作永无止境等消极情绪，从而产生心理疲劳。

2. 缺乏工作热情

工作热情高、有积极工作动机的人可以忽视外界负荷的影响而持续工作，他身体上可能感到疲劳，但情绪很好。工作热情低、毫无持续工作动机的人对外界负荷极为敏感，往往夸大不利的效应，虽然工作并不紧张，消耗的能量也不多，但仍觉得"累"。美国心理学家迈尔提出的疲劳动机理论认为，一个人在从事某项活动中体验到疲劳的程度，依赖于个体对完成这次任务的需要和动机的水平。

3. 希望渺茫

在期望即将实现时，人们的精神状态是最好的，如果一个人老看不到希望，心理就易出现疲劳感。许多研究者探索了 8 小时工作效率的变化规律，结果发现：随着工作时间的延续，工作效率逐渐下降；休息后继续工作，则工作效率有一定的回升。更为令人感兴趣的现象是，每当工作日快结束时，人们的工作效率又会出现较明显的回升。毫无疑问，在这里，意识到结束时间快到了，结束工作的期望很快就要实现，使人们的劳动积极性大大提高。这里可看出，由于期望的即将实现，虽然生理上可能很疲劳，但心理的疲劳或者说是疲劳体验却减轻了。

4. 消极的情绪

心理疲劳易受情绪因素的影响。消极的情绪使人们体验到更多的疲劳效应，积极的情绪往往让人们将工作中积累的疲劳感冲得一干二净。当一场重大比赛结束之后，胜利的一方往往由于取得了胜利而兴奋、喜悦，比赛中的疲劳已忘了，而失败的一方由于失败而悲伤、消沉，比赛之后就愈感劳累。

5. 精神压力过大

精神压力过重也是心理疲劳的一个重要原因，尤其是中年人。中年人处于社会、家庭、工作、生活的多重压力之中，长期背负着各种压力，在工作、事业开创、人际关系处理、家庭角色扮演，以及对家庭和事业的不断权衡方面，总是处于一种思考、焦虑、烦闷、恐惧、抑郁的压力之中，心理很容易陷入"衰竭"的状态。

除了上述因素之外，心理疲劳还受人的身体素质、性格特征、工作环境条件、睡眠状况及心理暗示等的影响。

远离心理疲劳

心理疲劳表现突出的中年人，似乎总在忍受一种精神痛苦的折磨，心中积压着许多痛苦、悲伤、委屈、苦闷、烦恼、不平等，总感到自己生活得很累，期盼着能够解脱一点儿。要解决这些问题，应从以下方面着手：

1. 要了解和认识中年人将面临哪些变化，这些变化会引起什么心理反应，对人体会产生什么影响，以便心中有数，早做准备。

2. 平静地接受生理的变化，关注自己的身体健康，增加体育锻炼的时间，有意识地调整身体状况，改善饮食，培养良好的生活方式。

3. 缓解工作压力。中年人一般工作压力都比较大，常常超时间工作，天长日久难免会透支体力，难以应对。工作中应尽量抽出一定的时间伸个懒腰，活动活动筋骨，如果目标明确，还可以分阶段工作，起码自己的精神上有一定的轻松感，尽量想办法缓解压力。

4. 处理好家庭关系。要想消除心理疲劳，最重要的是要处理好婚姻关系，珍惜夫妻间的感情，与妻子或丈夫互相体谅与沟通，尽量满足彼此的需要，分担彼此的重担，多花时间交谈与相互陪伴，享受人生乐趣，增进婚姻的满足感。成功的婚姻永远是事业成功和生活幸福的基本保障。

5. 培养业余爱好。人到中年以后，应该有意识地培养一到两个业余爱好，做自己喜欢做的事情。中年以后，事业、家庭趋于稳定，生活变得平淡，有时会产生倦怠感，缺乏新意，多一些时间反省自己，调整生活，拿得起，放得下，做自己喜欢做的事情，大胆进行新的尝试，心态上永远保持年轻。

这里还有一些立竿见影的消除心理疲劳的方法：开怀大笑，以发泄自己的负性情绪；沉着冷静地处理各种复杂问题，有助于舒缓压力；做错了事，要想到谁都有可能犯错误，不要耿耿于怀；不要害怕承认自己的能力有限，学会在适当的时候说"不"；夜深人静时，悄悄地讲一些只给自己听的话，然后酣然入梦；遇到困难时，坚信"车到山前必有路"。

此外，可通过按压劳宫穴来解除心理疲劳。劳宫穴在手掌正中的凹陷处，感到疲劳时，可用对侧的拇指按压劳宫穴。

更年期神经症

更年期的疾病，多有明显的精神因素，如长期精神紧张或精神创伤。临床表现除失眠、头昏、头痛、注意力不集中、记忆力下降等神经衰弱症状外，还突出表现为情绪不稳、易怒、烦躁、焦虑，同时伴有心悸、潮热、多汗等自主神经症状。有些症状的中年人时时处处总表现出紧迫感，对个人和家人的安危、健康格外关切，注意自己身体的微小变化，担心会得什么严重疾病，常因身体不适而四处求医。尽管如此，这些症状对日常生活或工作并无明显影响，即使持续多年自知力仍然良好。

吴某，女，50岁，农民，近两个月来自觉头昏，失眠，记忆力衰退，总是担心外出打工的子女身体状况不好，怕他们人生地不熟会遇到什么麻烦，要求念高中的小女儿隔三岔五地给他们写信，小女儿对此感到很烦，她就勃然大怒，骂小女儿不孝。一次她和邻居家吵了一架，就害怕其报复家人，对丈夫和小女儿总是千叮咛万嘱咐，甚至半夜三更突然从床上跳起来，要丈夫赶快躲藏起来，说邻居的儿子拿着刀要来杀他。一天早晨，她起床发现自己的脸色不好，又觉得喉咙很不舒服，以为自己得了什么可怕的病，因而十分担心，立刻去医院检查，医生告诉她只是上火引起扁桃体发炎，给她开了点儿药让她在家休息。但两天以后，炎症仍没消失，她就怀疑医生没有告诉她实情，还跑到医院将医生大骂了一顿。家里人都觉得她不可思议，她自己也怀疑自己可能得了什么神经病。

吴某显然患有更年期神经症。对吴某最好采取疏导法、认知领悟疗法，并教其掌握放松技巧。首先要让她了解该年龄阶段的生理、心理特点，尤其是更年期可能遇到的各种心理疾病。有了一定的心理准备，才有较好的状态去迎接生活的新挑战。其次是培养豁达开朗的性格，对什么事都要往好的方面想，而不是总想其阴暗、狭窄的一面，毕竟世上美好的人事比丑的人事要多得多。再就是让她协调好人际关系，争取朋友、同事、邻居的帮助和支持，最重要的是依靠亲友情感系统的支持。

吴某在心理医生的帮助下，对更年期的生理、心理特点都有了较深入的认识和了解，而不再害怕自己是得了什么可怕的神经病。同时，通过心理治疗，她恢复了乐观、开朗的性格，能保持平静的心绪，对待事情也能一分为二。半年以后，其精神面貌和第一次见面时，简直判若两人，她已经走出了更年期神经症的阴影。

女性更年期的调适

1. 增加更年期保健知识

更年期不是病，只是每个女人生命中必经的一个时期。正确认识更年期的到来，因为它是人类老化过程中的必然阶段，可以向医生咨询，不必焦虑紧张，树立信心，以顺利通过更年期。

2. 增加体育锻炼及社会交往，充实生活内容

女性患更年期综合征，主要是由于下岗、退休或子女成家后赋闲在家无事可做，又缺少感情交流造成的。自己应找些事做，别总待在家里。当你陷入深深的苦闷和焦虑之中不能自拔的时候，要按时到空气清新的室外从事一些合适的体育活动或体力劳动，它会唤起你的满意感和愉快感。

有趣的工作也会"中和"不良情绪产生的恶果，并会大大提高乐观情绪的储备量。当遇到不顺心的事或陷于痛苦时，"储备量"会发生作用，不致使你过度郁闷。

还可以到大自然中去陶冶。在生活最艰难的时刻，投身到大自然可从中找到慰藉。大自然中花草散发的浓郁芬芳、树叶沙沙微响、鸟儿婉转啼鸣、溪流潺潺声和海浪拍击声都会对身体产生良好的作用。遇烦闷时与家人或密友去郊外森林散步是很有益的。

3. 进行自我心理调适

易怒、发脾气是更年期到来的前兆，它们一冒出来，就该提醒自己要注意。若有什么怨气，应该提醒自己这是更年期的表现，不要随着自己的性子，乱发脾气。

4. 倾诉和发泄

要彻底倾诉心里的郁结。倾诉是治愈忧郁悲伤的良方。当你遇到

烦恼和不顺心的事后，切不可忧郁压抑，把心事深埋心底，而应将这些烦恼向你信赖、头脑冷静的人倾诉。如没有合适的对象，还可以自言自语地进行自我倾诉。

英国心理学家柯切利尔极力推崇一种自我倾诉内心苦闷和忧郁的方法——放声地自言自语地倾诉。他指出，这种心理上的应激反应是防治内科各种疾病，尤其是心血管病和癌症的良药。他认为积存的烦闷忧郁就像是一种势能，若不释放出来，就会像感情上的定时炸弹，埋伏心间，一旦触发即可酿成大难。但若能及时地用倾诉或自我倾诉的办法，取得内心感情和外界刺激的平衡，则可祛灾免病。

有眼泪要让它流出来。生活中遇到痛苦和折磨，流泪也可以解除苦闷。因为情绪激动时，人体血液会产生某种化学变化，眼泪的流出将使这种物质得以排泄。

5. 家人和朋友要给予理解和支持

家人的不理解会加重她们的症状。所以，如果家有处在更年期的女性，千万要多关心她们。眼下，"更年期"变成了打趣甚至嘲弄人的词。男人碰上看不顺眼的事，如果当事人是中年女性，就不由分说给她们贴个"更年期"的标签，年轻人也会用怪眼光看年纪大的人。作为家人，不要动不动就说"你是不是更年期到了"之类的话。她们生气时，要采取冷静、宽容的办法。

6. 适当补充雌激素

更年期症状明显时，可以在妇科医生的指导下，补充体内的雌激素水平，但切忌盲目用药。怕相关药品有副作用，就尽量多吃能增加雌激素的食物，如乌鸡、花粉、蜂蜜、维生素 E 等。

7. 中医药治疗

根据中医理论，更年之期，肾气渐衰，天癸渐竭，导致五脏功能失调、阴阳失衡而为病。因肾虚不能涵养肝木，则肝气郁结，可见情绪低落、胸闷胁胀、不思饮食；肾虚不能滋养心神，可见精神恍惚、无故悲哭；肾虚无以温养脾土，可见头晕耳鸣、腹胀腹泻、疲乏无力等。因此治疗在补肾的基础上，佐以疏肝理气、滋养心神、健脾化痰，可缓解病情且患者易于接受。

8. 合理的性生活

合理的性生活可以防止因生理和心理、社会等复杂因素而引起性淡漠和性衰老。千万不要认为年纪大了，就没有过性生活的必要了。

中年人观念固执

在生活中，我们会见到有些中年人十分固执，表现为过分固执己见，如"坚信"某种经验是"真理"、对某件事作出决定后绝不再根据客观条件的变化而适当修改或采纳他人建议、从不听别人劝告或与之相反的意见。观念固执的人即使有足够的事实证明这种经验是错误的，内心虽然承认其错，但在口头上绝不认错，甚至由于在心理上达不到平衡而不能自控，错误地坚持或一意孤行，我行我素，唯我独尊。对固定观念或病态顽固执拗采用一般的劝导斥责是难以纠正的，应采用心理分析疗法或酌情配合中西医药治疗方能奏效。

这些人思想偏拗，总是认为自己的想法"完全合理"。造成这种情况的原因，往往是因为紧张或者激动的情绪，扰乱了他们的正常思维过程，以致他们遇到问题不能够常态地分析、判断。同时，这些人的注意力比较涣散，不易集中，听不进大多数人的意见。临床观察，这类人大都是因为精神上过于疲倦，或者心底里隐藏着不少烦恼。

在某心理咨询门诊所里曾经有这样一位经常光临的"患者"。他是一位工程师，由于在"文化大革命"期间写过"万言书"而遭到批判，精神上多少留下了受刺激的痕迹，加上其他一些个人的特殊经历，如"四清"运动时，给工作组提过意见遭批判，"反右"斗争运动时，替"右派分子"说好话遭批判，家庭生活中夫妻感情不和等，使得他十分固执己见，并且很容易发怒。他看问题片面，听不进反对他的意见；总是看不惯现状，永远是个"反对派"；讲起话来慷慨激昂，充满了悲天悯人的情绪。由于不合群、反领导，调动工作频繁，这使他陷进深深的苦恼深渊。

从这位工程师身上可以看出，思想偏执的产生原因，主要是因为：①心理压力大，过于疲倦，因而反应迟钝，容易发热；②没有消除积存的烦恼，怨天尤人，牢骚满腹，妨碍重新振作精神；③生活经历上，曾经遭受过心理上的威胁或恐吓。这位中年工程师，可以称得上是"观念固执"的典型人物。

观念固执的人往往给人以假象，误认为他们很坚毅，很顽强，其实，固执的人，为了达到他的目的所表现出来的"百折不挠"、坚持干到底的精神，和真正的顽强不屈的坚毅精神，本质上是不相同的。

观念固执的人的"悲剧"就在于：他不惜花费一切代价所要达到的目的，往往在客观上是不正确的、不合理的。因而，他所表现的一系列行为就显得荒唐可笑。西班牙著名作家塞万提斯写的《堂吉诃德》，描写了一位自命不凡的"勇士"，把风车误当作敌人或妖怪，用长矛一枪刺去，最终被风车卷走。这是文学作品中对观念固执者的有力刻画和写照。而最为可悲的是，一个观念固执的人，往往以英雄好汉自居，对他的所作所为，经常不自量力地、自欺欺人地认为是出自好心肠的动机。其实，他的信念只不过是毫无意义的，甚至是有害的"我行我素"而已。

绝大多数人的观念固执、思想僵化，是对挫折的一种不正当的反应。当他们反复地遭遇到同样的挫折后，由于不能像正常人那样可以灵活地"随机应变"，无法顺利地去解决所遇到的困难，于是，就有可能形成一种习惯式的刻板的反应，在思想方法上僵化不变，在行为活动上表现为执拗地重复。这样的人若进一步对他仔细地了解，就会发现很有可能他从幼小起就"死心眼"。遇事爱钻牛角尖，转不过弯子来，致使他的神经活动过程很不灵活。对于这样的人，应该因势利导地使他们变成一个性格坚毅的人，最好的办法就是让他们找到一个真正值得为之奋斗的目标。

对于观念固执的人，主要是通过心理治疗和疏导，纠正他们错误的认识，打破他们固执的观念。

老年焦虑症

中国已经开始逐步进入老龄化社会，老年人的心理问题也开始得到社会的关注。由于特殊的社会伦理和社会心理，老年焦虑症已经成为困扰老年人的重要心理疾病之一。在国人的印象中，西方社会的老年人大多安详沉稳，心境开阔，喜好旅游，还有非常丰富的兴趣爱好和业余活动。而在国内，尤其是城市中，经常看到有些老年人心烦意乱，坐卧不安，有的为一点儿小事而提心吊胆，紧张恐惧。这种现象在心理学上叫作焦虑，严重者称为焦虑症。

　　焦虑是个体由于达不到目标或不能克服障碍的威胁，致使自尊心或自信心受挫，或使失败感、内疚感增加，所形成的一种紧张不安带有恐惧性的情绪状态。一般而言，焦虑可分为三大类：其一，现实性或客观性焦虑。如爷爷渴望心爱的孙子考上重点大学，孙子目前正在加紧复习功课，在考试前爷爷显得非常焦急和烦躁。其二，神经过敏性焦虑。即不仅对特殊的事物或情境发生焦虑性反应，而且对任何情况都可能发生焦虑反应。它是由心理、社会因素诱发的忧心忡忡、挫折感、失败感和自尊心的严重损伤而引起的。其三，道德性焦虑。即由于违背社会道德标准，在社会要求和自我表现发生冲突时，引起的内疚感所产生的情绪反应。有的老年人因为自己的行为不符合自我理想的标准而受到良心的谴责。如自己本来是一位受人尊敬的老人，但在大街上看到歹徒行凶时因为自己年老体衰，势单力薄，害怕受到伤害而没有上前制止，之后，感到自己做了不光彩的事，对此深感内疚，继而不断自责。

　　焦虑心理如果达到较严重的程度，就成了焦虑症，又称焦虑性神经官能症。焦虑症是以焦虑为中心症状，呈急性发作形式或慢性持续状态，并伴有自主神经功能紊乱为特征的一种神经官能症。

老年焦虑症的类型

　　老年焦虑症有一般焦虑症所没有的特点，而且人们往往忽略这种心理疾病，而把原因归结到一些器质性疾病中去。

　　一般来讲，老年焦虑症可分为急性焦虑和慢性焦虑两大类：

　　急性焦虑主要表现为急性惊恐发作。患者常突然感到内心焦灼、紧张、惊恐、激动或有一种不舒适感觉，由此而产生牵连观念、妄想和幻觉，有时有轻度意识迷惘。急性焦虑发作一般可以持续几分钟或几小时。病程一般不长，经过一段时间后会逐渐趋于缓解。

慢性焦虑症，其焦虑情绪可以持续较长时间，其焦虑程度也时有波动。老年慢性焦虑症一般表现为平时比较敏感、易激怒，生活中稍有不如意的事就心烦意乱，注意力不集中，有时会生闷气、发脾气等。

老年焦虑症的防治

1. 要有良好的心态

首先，要乐天知命，知足常乐。古人云："事能知足心常惬。"老年人对自己的一生所走过的道路要有满足感，对退休后的生活要有适应感，不要老是追悔过去，埋怨自己当初这也不该，那也不该。理智的老年人是不会注意过去留下的脚印，而注重开拓现实的道路。

其次，要保持心理稳定，不可大喜大悲。"笑一笑，十年少；愁一愁，白了头"，要心宽，凡事想得开，要使自己的主观思想不断适应客观发展的现实。不要企图让客观事物纳入自己的主观思维轨道，那不但是不可能的，而且极易诱发焦虑、抑郁、怨恨、悲伤、愤怒等消极情绪。

第三，要学会"制怒"，不要轻易发脾气。

2. 自我放松

当你感到焦虑不安时，可以运用自我意识放松的方法来进行调节。具体来说，就是有意识地在行为上表现得快活、轻松和自信。比如说，可以端坐不动，闭上双眼，然后开始向自己下达指令："头部放松，颈部放松……"直至四肢、手指、脚趾放松。运用意识的力量使自己全身放松，处在一个松和静的状态中，随着周身的放松，焦虑心理可以慢慢得到平缓。另外还可以运用视觉放松法来消除焦虑，如闭上双眼，在脑海中创造一个优美恬静的环境，想象在大海岸边，波涛阵阵，鱼儿不断跃出水面，海鸥在天空飞翔，你光着脚丫，走在凉丝丝的海滩上，海风轻轻地拂着你的面颊……

3. 自我疏导

轻微焦虑的消除，主要是依靠个人，当出现焦虑时，首先，要意识到这是焦虑心理，要正视它，不要用自认为合理的其他理由来掩饰它的存在。其次，要树立起消除焦虑心理的信心，充分调动主观能动性，运用注意力转移的方法，及时消除焦虑。当你的注意力转移到新的事物上去时，心理上产生的新的体验有可能驱逐和取代焦虑心理，这是一种人们常用的方法。

4. 药物治疗

如果焦虑过于严重时，还可以遵照医嘱，选服一些抗焦虑的药物，如利眠宁、多虑平等，但最主要的还是要靠心理调节。也可以通过心理咨询来寻求他人的开导，以尽快恢复。如果患了比较严重的焦虑症，则应向心理学专家或有关医生进行咨询，弄清病因、病理机制，然后通过心理治疗，逐渐消除引起焦虑的内心矛盾和可能有关的因素，解除因焦虑发作而产生的恐惧心理和精神负担。

离退休综合征

颜老是某重点中学校长，在自己的岗位上工作了几十年，既紧张忙碌，又有一定的生活规律，并形成了固定的生活模式和心理定式。

退休后，周围的生活环境发生了变化，原有的生活规律被打乱，一时又无事可做，对于这些变化难以适应，于是就出现了情绪上的消沉和偏离常态的行为，甚至因此而引发其他疾病，严重影响到自身健康。我们把这种现象称作老年人"离退休综合征"。

所谓离退休综合征是指老年人由于离退休后不能适应新的社会角色、生活环境和生活方式的变化而出现的焦虑、抑郁、悲哀、恐惧等消极情绪，或因此产生偏离常态的行为的一种适应性的心理障碍，这种心理障碍往往还会引发其他生理疾病，影响身体健康。

据统计，1/4 的离退休人员会出现不同程度的离退休综合征。老年人的离退休综合征是一种复杂的心理异常反应，主要表现在情绪和行为方面。患者一般会出现以下症状：性情变化明显，要么闷闷不乐、郁郁寡欢、不言不语，要么急躁易怒、坐立不安、唠唠叨叨；行为反复，或无所适从；注意力不能集中，做事经常出错；对现实不满，容易怀旧，并产生偏见。总之，其行为举止明显不同于以往，给人的印象是离退休前后判若两人。这种性情和行为方面的改变往往可以引起一些疾病的发生，原来身体健康的人会萌生某些疾病，原来有慢性病的则会加重病情。有心理学者曾对某市 20 位同一年从处级岗位上退下来的干部进行追踪调查，结果发现，这些退休时身体并无大碍的老年人，两年内竟有 5 位去世，还有 6 位重病缠身。可见，离退休真是一道"事故多发"的坎。

离退休综合征的原因

导致本病的原因是多方面的：

1.退休后，生活模式的改变引起心理上的不适应。离退休以后由于职业生活和个人兴趣发生了很大变化，从长期紧张而规律的职业生活，突然转到无规律、懒怠的离退休生活，难以适应而产生焦虑、无所适从，有一种失落感，有的认为自己精力充沛、壮志未酬，完全能胜任原工作，现在让退下来就会产生失落感，还可能有轻度抑郁，认为自己被遗弃，无精打采，悲观，失眠。特别是沉湎于辉煌的过去，为消逝的美好时光而遗憾，即产生抑郁。

2. 缺乏思想准备，不能妥善地安排空闲时间，或体力下降、疾病缠身、行动不便等加重障碍。

3. 退休后体力和脑力活动减少，社交活动减少，生活单调，易产生心理老化的感受，这加速了生理衰老进程，容易使人产生忧郁、焦虑、死亡来临的惊恐、疑病心理等。

4. 由于离退休以后原来的生活节奏被打乱，活动减少，可出现失眠、头痛、头晕、疲乏、无力及心慌等神经症综合征。

离退休综合征的表现

患有离退休综合征者，主要表现为坐卧不安、行为重复、犹豫不决，不知干什么好，甚至出现强迫性定向行为；注意力不能集中，做事经常出错；性情变化明显，易急躁和发脾气，对任何事情都不满意，总是怀旧；易猜疑和产生偏见；情绪忧郁，失眠，多梦，心悸，阵发性全身燥热等。

一般说来，事业心强、好胜而善争辩、严谨而偏激、固执己见的人，发病率较高；无心理准备而突然退下来的人发病率高且症状偏重；平时活动范围大而爱好广泛的人很少患病。女性较男性适应快，较少出现离退休综合征。

离退休综合征的防治

　　离退休是人生的一个重要转折，是老年期开始的一个标志。从前面的分析我们可以看出，离退休障碍是一种心理方面的适应障碍，它表现为老年人生活习惯的不适应、人际关系的不适应、认知和情感的不适应等。这些适应障碍究其实质，就在于离退休导致了老年人社会角色的转变，他们从职业角色过渡为闲暇角色，从主体角色退化为配角，从交往范围广、活动频率高的动态型角色转变为交往圈子狭窄、活动趋于减少的相对静态型角色，对于部分曾是领导干部的老年人来说，还从权威型的社会角色变成了"无足轻重"的小人物，如果老年人不能很好地适应这些角色的转变，也就是说新旧角色间出现了矛盾和冲突，那么，老年人的离退休综合征就由此产生。

　　因此，要预防和治疗离退休综合征，老年人就应该努力适应离退休所带来的各种变化，即实现离退休社会角色的转换。通常有以下几种方法：

　　1. 心理上要及早做好退休前的准备工作，计划好退休后的生活安排，充实退休内容等。一般在退休前一至两年就要着手进行准备。

　　2. 有条件者尽量继续发挥余热，参加一些适合自己体力和专业的社会活动，要做到"退而不休"，感到自己仍能作出社会贡献。

　　3. 培养一至两种兴趣爱好，使生活丰富多彩，富有生机和活力。

　　4. 克服心理老化感和不爱活动的习惯，"一身动才能一身轻"。

　　5. 有明显心理病症，应及时接受必要的心理咨询与药物治疗。

　　6. 老年人在可能的条件下也应为儿孙分忧解愁，使双方关系更亲密、融洽。

　　当然，社会对离退休老年人应给予更多的关注，家庭要关心和尊重离退休的老年人的生活权益，切不可把老人当成保姆或雇工使唤，甚至在生活上虐待老人。要使他们感到精神愉快，心情舒畅。

图书在版编目（CIP）数据

生活中的心理学 / 邢群麟，杨英著 . -- 长春 : 吉林文史出版社，2019.5（2021.4 重印）

ISBN 978-7-5472-6160-6

Ⅰ . ①生… Ⅱ . ①邢… ②杨… Ⅲ . ①心理学—通俗读物 Ⅳ . ① B84-49

中国版本图书馆 CIP 数据核字 (2019) 第 088457 号

生活中的心理学
SHENGHUOZHONG DE XINLIXUE

书　　名：生活中的心理学

著　　者：邢群麟　杨　英

责任编辑：程　明

封面设计：冬　凡

文字编辑：辛云梅

美术编辑：李丝雨

出版发行：吉林文史出版社

电　　话：0431-81629369

地　　址：长春市福祉大路 5788 号

邮　　编：130118

网　　址：www.jlws.com.cn

印　　刷：三河市万龙印装有限公司

开　　本：145mm×210mm　1/32

印　　张：8 印张

字　　数：172 千字

印　　次：2019 年 5 月第 1 版　2021 年 4 月第 2 次印刷

书　　号：ISBN 978-7-5472-6160-6

定　　价：36.00 元